Klasse 5-7

Hans-J. Schmidt

Stationenlernen Bruchrechnung

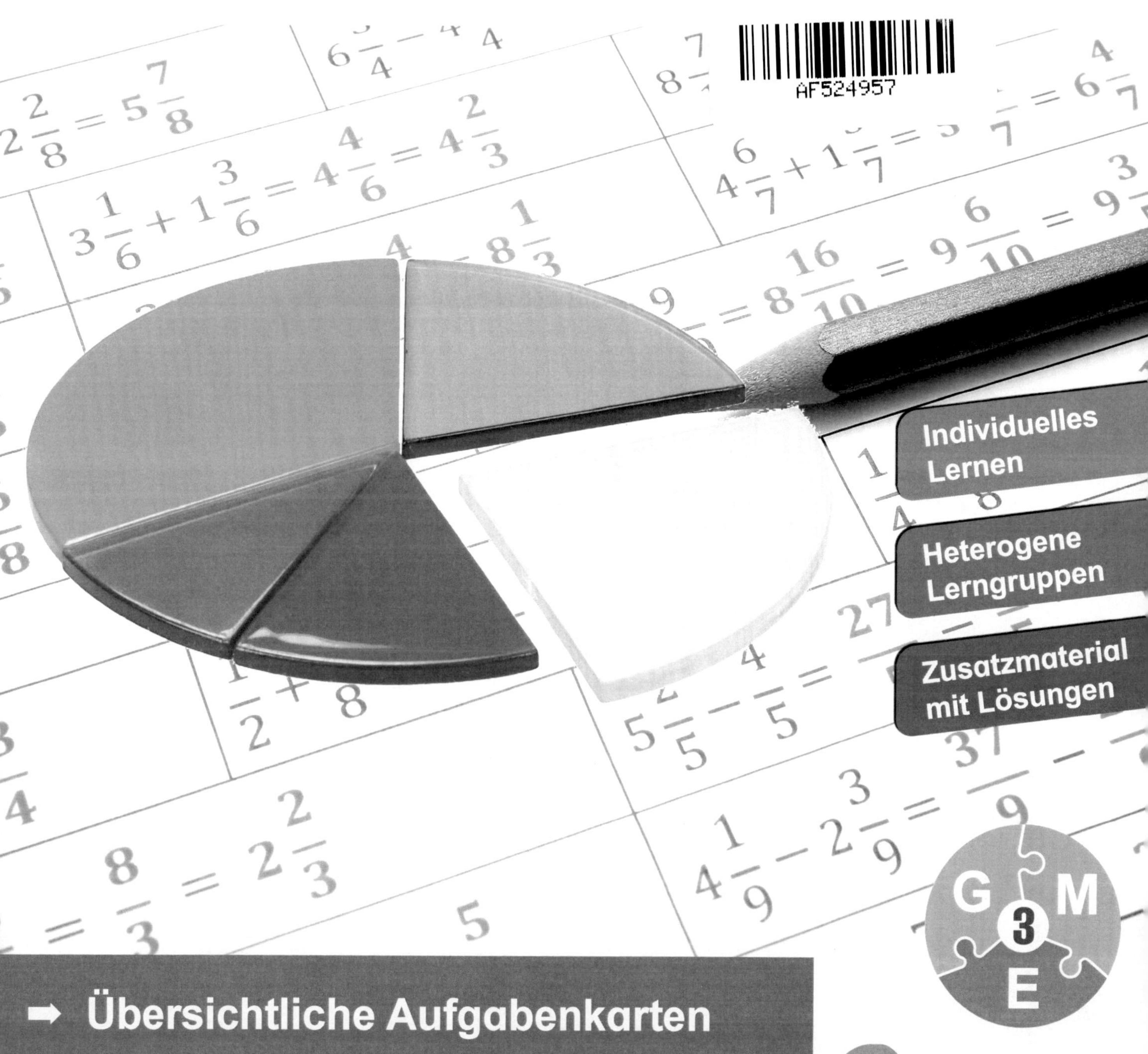

- ➡ Übersichtliche Aufgabenkarten
- ➡ Differenziert in drei Niveaustufen
- ➡ Ohne Vorarbeit sofort umsetzbar

Lernen mit Erfolg

KOHL VERLAG

Stationenlernen Bruchrechnung

8. Auflage 2025

Inhalt: Hans-J. Schmidt
Coverbild: © DavidRehner - 123rf.com & stockpics - fotolia.com
Redaktion: Kohl-Verlag
Grafik & Satz: Kohl-Verlag
Druck: Druckerei Flock, Köln

Bestell-Nr. 12 002

ISBN: 978-3-96040-052-0

Kontakt: Kohl-Verlag, An der Brennerei 37-45, 50170 Kerpen
Tel: +49 2275 331610, Mail: info@kohlverlag.de

Unsere Lizenzmodelle

Der vorliegende Band ist eine Print-Einzellizenz

Sie wollen unsere Kopiervorlagen auch digital nutzen? Kein Problem – fast das gesamte KOHL-Sortiment ist auch sofort als PDF-Download erhältlich! Wir haben verschiedene Lizenzmodelle zur Auswahl:

	Print-Version	PDF-Einzellizenz	PDF-Schullizenz	Kombipaket Print & PDF-Einzellizenz	Kombipaket Print & PDF-Schullizenz
Unbefristete Nutzung der Materialien	x	x	x	x	x
Vervielfältigung, Weitergabe und Einsatz der Materialien im eigenen Unterricht	x	x	x	x	x
Nutzung der Materialien durch alle Lehrkräfte des Kollegiums an der lizensierten Schule			x		x
Einstellen des Materials im Intranet oder Schulserver der Institution			x		x

Die erweiterten Lizenzmodelle zu diesem Titel sind jederzeit im Online-Shop unter www.kohlverlag.de erhältlich.

Inhalt

⊙ Grundaufgaben ! Mittleres Niveau ★ Expertenaufgaben

Station	Seite	⊙ ! ★	E / P	benötigte Materialien	Tipp-Karte
Bruchteile erkennen und kennzeichnen 1	9	⊙	E	Heft, Stift, Blatt	1
Bruchteile erkennen und kennzeichnen 2	9	⊙	E	Heft, Stift, Blatt	1
Bruchteile erkennen und kennzeichnen 3	11	!	P	Heft, Stift, Blatt	1
Bruchteile erkennen und kennzeichnen 4	11	!	P	Heft, Stift, Blatt	1
Bruchteile erkennen und kennzeichnen 5	13	★	P	Heft, Stift, Blatt	1
Bruchteile erkennen und kennzeichnen 6	13	★	P	Heft, Stift, Blatt	1
Brüche in gemischter Schreibweise und unechte Brüche 1	15	⊙	P	Heft, Stift, Blatt	1 3
Brüche in gemischter Schreibweise und unechte Brüche 2	15	!	P	Heft, Stift, Blatt	1 3
Brüche ergänzen	17	⊙	P	Heft, Stift, Blatt	1
Berechnen von Bruchteilen 1	17	!	P	Heft, Stift, Blatt	2
Berechnen von Bruchteilen 2	19	★	P	Heft, Stift, Blatt	2
Berechnen von Bruchteilen 3	19	★	P	Heft, Stift, Blatt	2
Umwandeln von Brüchen 1	21	⊙	P	Heft, Stift, Blatt	3
Umwandeln von Brüchen 2	21	!	P	Heft, Stift, Blatt	3
Erweitern von Brüchen 1	23	⊙	P	Heft, Stift, Blatt	5
Erweitern von Brüchen 2	23	!	P	Heft, Stift, Blatt	5
Kürzen von Brüchen	25	⊙	P	Heft, Stift, Blatt	4
Vergleichen von Brüchen	25	!	P	Heft, Stift, Blatt	6

KOHL VERLAG Stationenlernen Bruchrechnen – Bestell-Nr. 12 002

Inhalt

⊙ Grundaufgaben ! Mittleres Niveau ★ Expertenaufgaben

Station	Seite	⊙ ! ★	E / P	benötigte Materialien	Tipp-Karte
Ordnen von Brüchen	27	!	E	Heft, Stift, Blatt	6
Darstellung von Brüchen am Zahlenstrahl 1	27	⊙	E	Heft, Stift, Blatt	7
Darstellung von Brüchen am Zahlenstrahl 2	29	!	E	Heft, Stift, Blatt	7
Darstellung von Brüchen am Zahlenstrahl 3	29	★	P	Heft, Stift, Blatt	7
Addition und Subtraktion gleichnamiger Brüche 1	31	⊙	E	Heft, Stift, Blatt	8
Addition und Subtraktion gleichnamiger Brüche 2	31	!	P	Heft, Stift, Blatt	8
Addition und Subtraktion gleichnamiger Brüche 3	33	!	P	Heft, Stift, Blatt	8
Addition und Subtraktion gleichnamiger Brüche 4	33	!	P	Heft, Stift, Blatt	8
Addition und Subtraktion gemischter Zahlen 1	35	!	P	Heft, Stift, Blatt	8
Addition und Subtraktion gemischter Zahlen 2	35	★	P	Heft, Stift, Blatt	8
Addition und Subtraktion ungleichnamiger Brüche 1	37	!	P	Heft, Stift, Blatt	9
Addition und Subtraktion ungleichnamiger Brüche 2	37	★	P	Heft, Stift, Blatt	9
Zur Auflockerung 1	39	⊙	P	Heft, Stift, Blatt	9
Zur Auflockerung 2	39	★	P	Heft, Stift, Blatt	9
Einfärben von Produkten (Multiplikand = Bruch)	41	⊙	E	Heft, Stift, Blatt	1 10
Mit welcher natürlichen Zahl wurde multipliziert?	41	!	E	Heft, Stift, Blatt	1 10
Multiplikation einer natürlichen Zahl mit einem Bruch	43	!	P	Heft, Stift, Blatt	10
Multiplikation gemischter Zahlen	43	!	P	Heft, Stift, Blatt	10

Inhalt

⊙ Grundaufgaben ! Mittleres Niveau ★ Expertenaufgaben

Inhalt

⊙ Grundaufgaben ! Mittleres Niveau ★ Expertenaufgaben

Stationenlernen Bruchrechnen – Bestell-Nr. 12 002
KOHL VERLAG

Anleitung

Sehr geehrte Kollegen und Kolleginnen,

dieses Werk zum Stationen lernen im Mathematikunterricht soll Ihnen ein wenig Ihre alltägliche Arbeit erleichtern. Dabei war es uns besonders wichtig, Stationen zu kreieren, die möglichst schüler- und handlungsorientiert sind und mehrere Lerneingangskanäle ansprechen. Denn nur so kann Wissen langfristig gesichert und auch wieder abgerufen werden.

Die Reihenfolge der Stationen ist frei wählbar, so können die Schüler in ihrem individuellen Arbeits- und Lerntempo vorgehen. Aber auch Sie als Lehrer können die Karten in unterschiedlichen Reihenfolgen verwenden. Durch den individuell ausfüllbaren Laufzettel wird bei dieser differenzierten Arbeitsform stets der Überblick gewahrt. Die Materialien eignen sich dank der möglichen Hilfestellungen durch die Tipp-Karten auch hervorragend für das selbstständige Lernen oder die Selbstlernzeit. Im hinteren Bereich des Heftes finden Sie Tipp-Karten, auf Seite 8 den Stationen-Laufzettel.

Stationen:

Die Stationszettel enthalten bewusst keine Nummerierung, um einen flexiblen Einsatz zu gewährleisten. So kann jeder selbst entscheiden, welche Station bearbeitet werden soll. Dies können sowohl Stationen aus einem Bereich sein, ebenso gut können auch Aufgaben aus allen Bereichen vermischt werden. Nach Belieben können Sie die Stationen jedoch auch nummerieren, um den Schülern die Zuordnung zu erleichtern.

Differenzierung der Aufgaben:

Innerhalb der Stationen gibt es Grundaufgaben, Aufgaben des mittleren Niveaus sowie Expertenaufgaben.Jede Karte ist mit einem entsprechenden Symbol gekennzeichnet, die unten erklärt werden. Die Grundaufgaben sollen von allen Schülern bearbeitet werden. Aufgaben des mittleren Niveaus stellen bereits höhere Anforderungen an die Schüler, während Expertenaufgaben vertiefende oder weiterführende Inhalte enthalten. Je nach Leistungsstand Ihrer Klasse können Sie jedoch problemlos Stationen anders kennzeichnen. Zu jeder Stationskarte können die Schüler auf passende Tipp-Karten zurückgreifen. Welche Tipp-Karten für die einzelnen Stationen geeignet sind, können Sie in der Inhaltsübersicht auf den Seiten 3 bis 6 nachlesen.

Tipp-Karten:

Wie bereits erwähnt gibt es für alle Stationen Tipp-Karten. Es empfiehlt sich, die Tipp-Karten z. B. in Briefumschlägen verpackt den Stationen beizulegen oder sie sogar an einem separaten Ort zu platzieren. So überlegen die Kinder eher, ob sie einen Tipp benötigen oder nicht, und werden nicht so stark dazu verleitet, aus Bequemlichkeit einen Blick darauf zu werfen.

Lösungen:

Wer die Aufgaben der Schüler korrigiert, hängt zum einen von der Lerngruppe und zum anderen von den Vorlieben des unterrichtenden Lehrers ab. So kann dieser die Verbesserung der Schüleraufgaben selbst übernehmen, oder diese Aufgabe in die Verantwortung der Kinder übergeben. In diesem Fall haben Sie die Möglichkeit, die Karten einfach auszuschneiden und zu laminieren, so befindet sich dann direkt auf der Rückseite der Aufgabe die passende Lösung zur einfachen Selbstkontrolle dazu. Alternativ können Sie die Seiten jedoch auch kopieren und die Lösungen, für die Schüler erkenntlich markiert, an einem passenden Ort positionieren.

Stationen-Laufzettel:

Der Stationen-Laufzettel ist so konzipiert, dass die Lehrkraft oder die Schüler die Stationsnummer (alternativ den Bereich) sowie den Stationsnamen eintragen. Die Kinder haken dann ab, wenn sie eine Station erledigt haben. Ein weiterer Haken wird gesetzt, wenn die Station korrigiert wurde. Dies geschieht entweder durch den Lehrer oder die Schüler selbst.

Symbole:

Heft	Grundaufgaben	Einzelaufgabe (E)
Stift/Bleistift	mittleres Niveau (!)	Partneraufgabe (P)
Blatt Papier	Expertenaufgaben (★)	

Nach dieser kurzen Einführung wünschen Ihnen viel Spaß beim Einsatz der Materialien Ihr Kohl-Verlag und

Name: ______________________________ Datum: ______________

Stationen-Laufzettel

Grundaufgaben !

Station	Stationsname	erledigt ✓	korrigiert ✓

Name: ______________________________ Datum: ______________

Stationen-Laufzettel

Expertenaufgaben ★

Station	Stationsname	erledigt ✓	korrigiert ✓

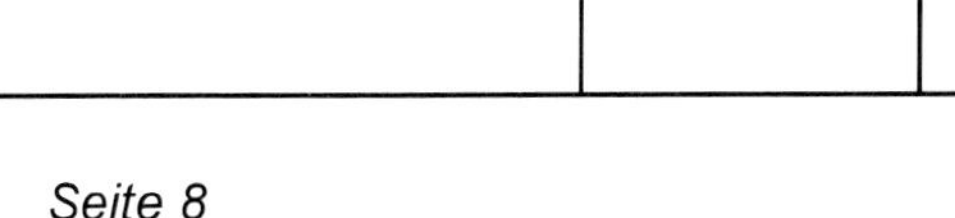

Station

Bruchteile erkennen und kennzeichnen 1

$\frac{1}{3}$, $\frac{4}{5}$, $\frac{2}{7}$ nennt man Brüche. Damit bezeichnet man Teile von einem Ganzen.

3 *Die Zahl über dem Bruchstrich heißt* ***Zähler***
— ***Bruchstrich***
5 *Die Zahl unter dem Bruchstrich heißt* ***Nenner***

Der **Nenner** gibt an, in wie viel gleich große Teile das Ganze zerteilt wird. Der **Zähler** gibt an, wie viele Teile genommen werden.

Welche Brüche sind dargestellt?

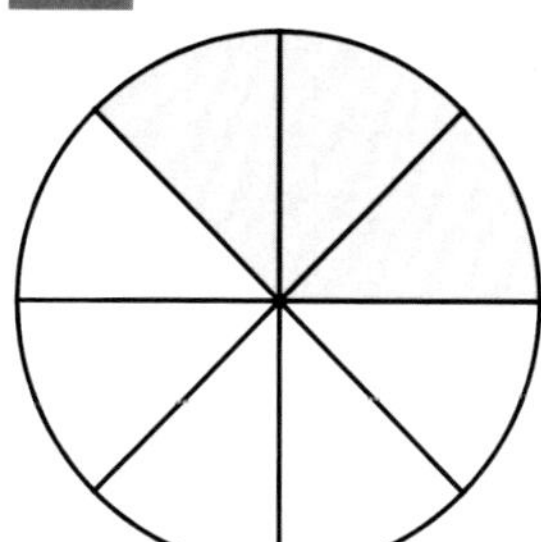

B

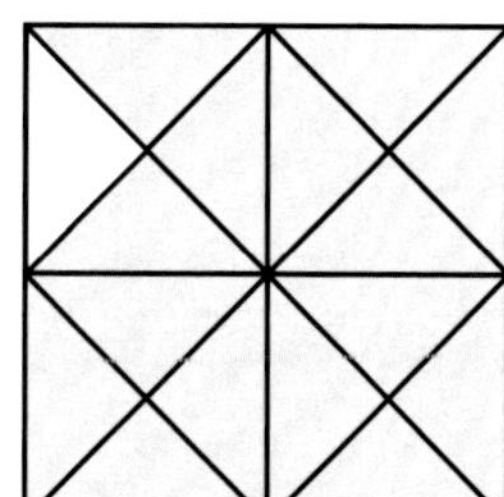

C

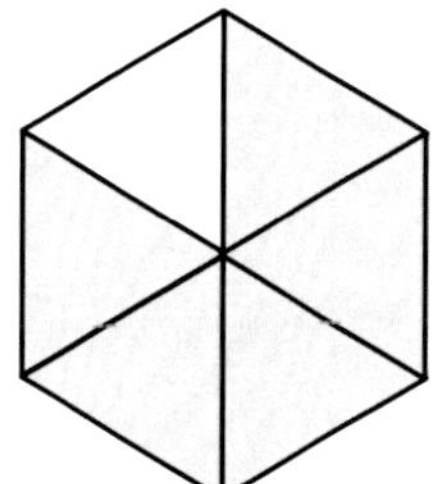

D

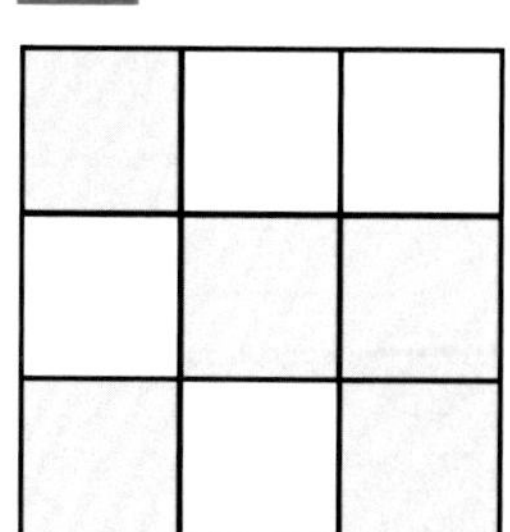

Station

  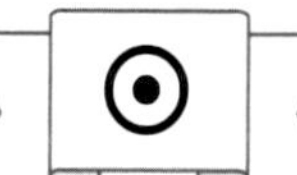

Bruchteile erkennen und kennzeichnen 2

$\frac{1}{3}$, $\frac{4}{5}$, $\frac{2}{7}$ nennt man Brüche. Damit bezeichnet man Teile von einem Ganzen.

3 *Die Zahl über dem Bruchstrich heißt* ***Zähler***
— ***Bruchstrich***
5 *Die Zahl unter dem Bruchstrich heißt* ***Nenner***

Der **Nenner** gibt an, in wie viel gleich große Teile das Ganze zerteilt wird. Der **Zähler** gibt an, wie viele Teile genommen werden.

Kennzeichne den angegebeben Bruchteil des Ganzen.

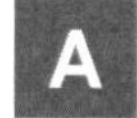 A $\frac{5}{8}$

 B $\frac{1}{6}$

 C $\frac{2}{9}$

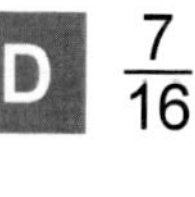 D $\frac{7}{16}$

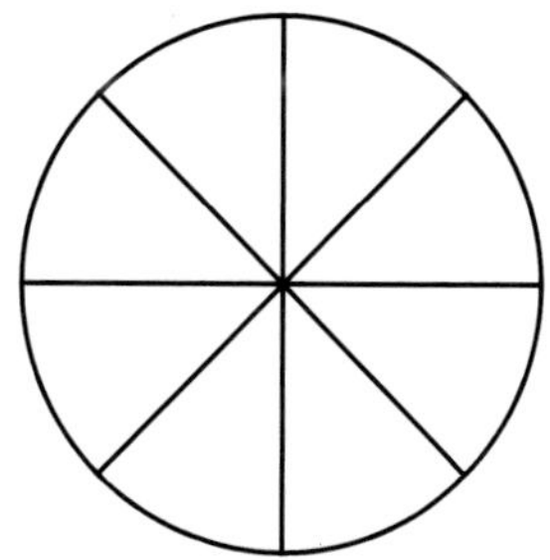

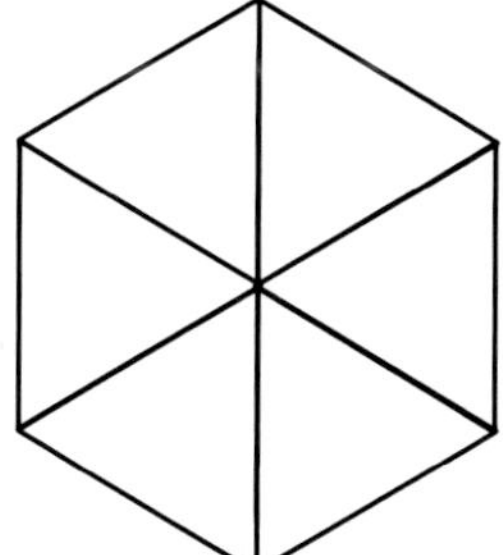

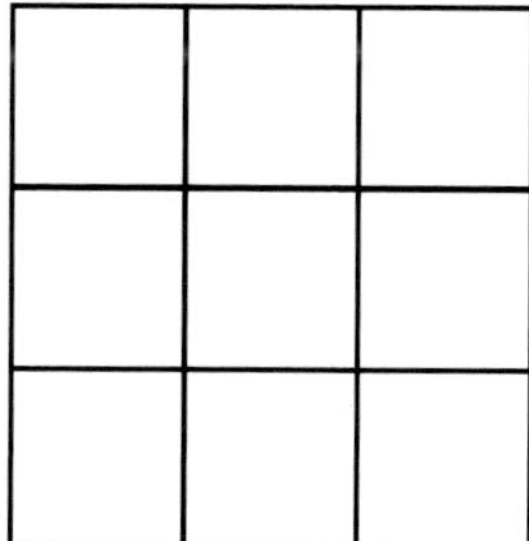

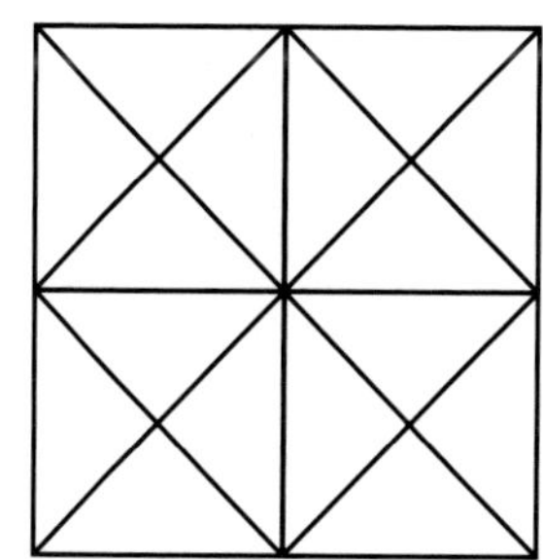

Stationenlernen Bruchrechnen – Bestell-Nr. 12 002
KOHL VERLAG

Station

Bruchteile erkennen und kennzeichnen 1 – Lösungen

$\frac{1}{3}$, $\frac{4}{5}$, $\frac{2}{7}$ nennt man Brüche. Damit bezeichnet man Teile von einem Ganzen.

$\frac{3}{5}$
*Die Zahl über dem Bruchstrich heißt **Zähler***
Bruchstrich
*Die Zahl unter dem Bruchstrich heißt **Nenner***

Der **Nenner** gibt an, in wie viel gleich große Teile das Ganze zerteilt wird. Der **Zähler** gibt an, wie viele Teile genommen werden.

Welche Brüche sind dargestellt?

A

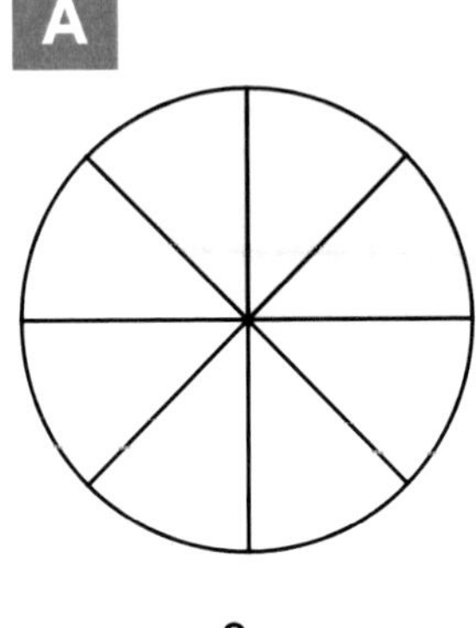

$\frac{3}{8}$

B

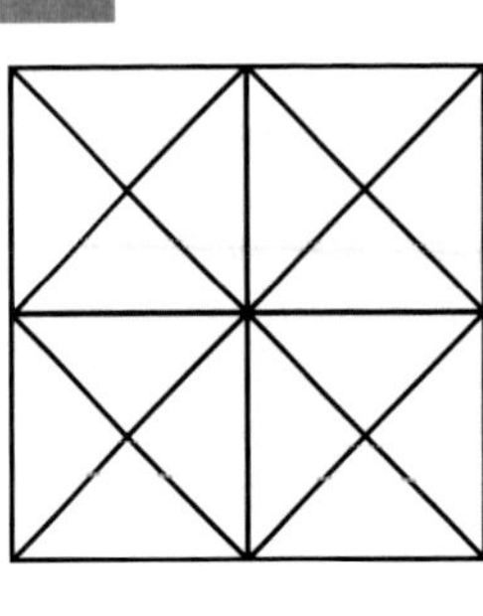

$\frac{15}{16}$

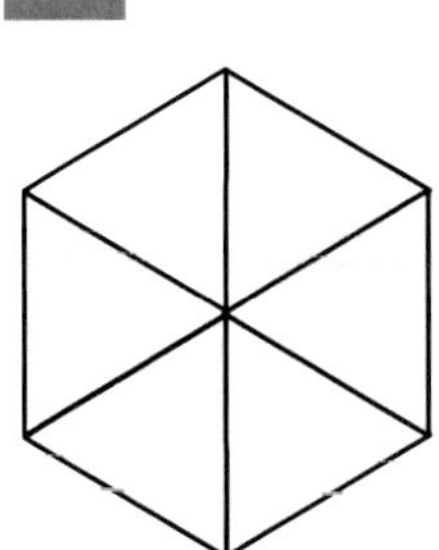

$\frac{5}{6}$

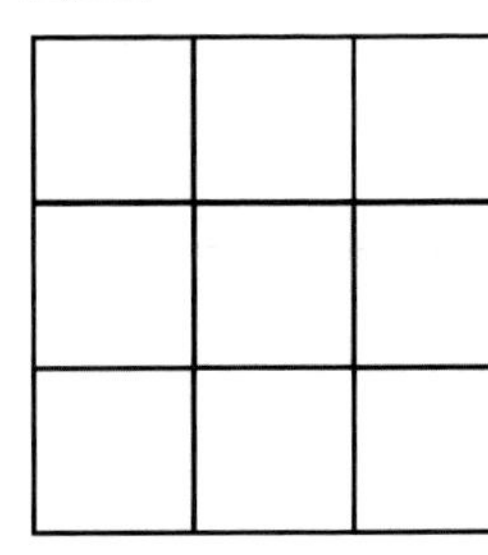

$\frac{5}{9}$

KOHL VERLAG Stationenlernen Bruchrechnen – Bestell-Nr. 12 002

Station

  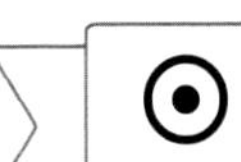

Bruchteile erkennen und kennzeichnen 2 – Lösungen

$\frac{1}{3}$, $\frac{4}{5}$, $\frac{2}{7}$ nennt man Brüche. Damit bezeichnet man Teile von einem Ganzen.

$\frac{3}{5}$
*Die Zahl über dem Bruchstrich heißt **Zähler***
Bruchstrich
*Die Zahl unter dem Bruchstrich heißt **Nenner***

Der **Nenner** gibt an, in wie viel gleich große Teile das Ganze zerteilt wird. Der **Zähler** gibt an, wie viele Teile genommen werden.

Kennzeichne den angegebeben Bruchteil des Ganzen.

A $\frac{5}{8}$

B $\frac{1}{6}$

C $\frac{2}{9}$

D $\frac{7}{16}$

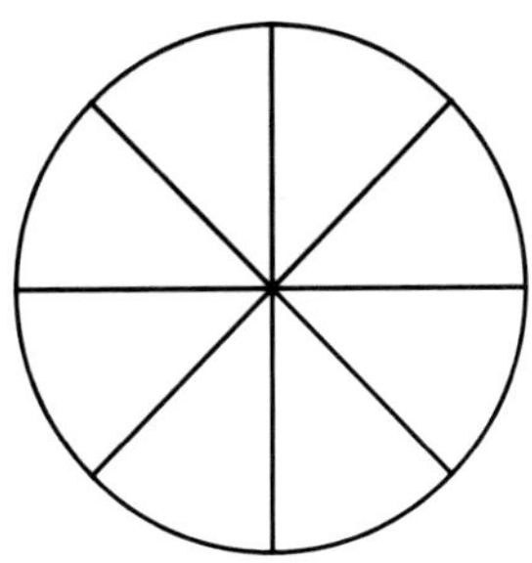

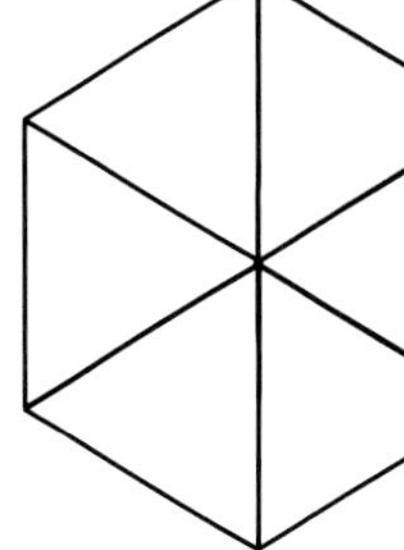

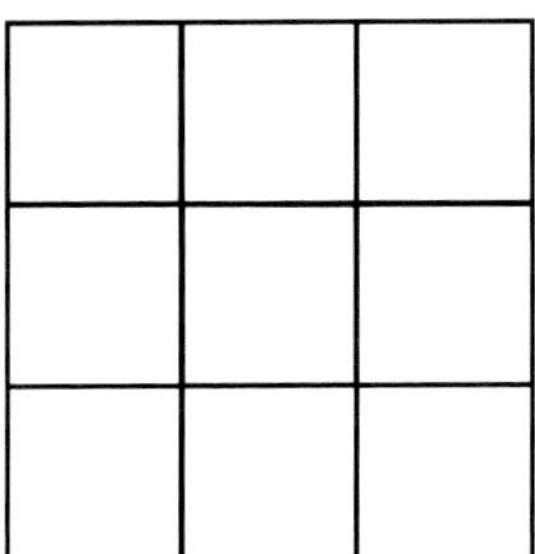

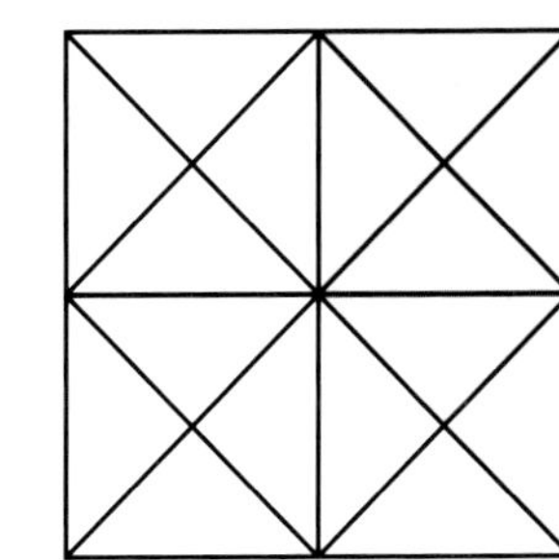

P

Station

Bruchteile erkennen und kennzeichnen 3

Welcher Bruchteil der Figur ist hier jeweils gekennzeichnet?

A

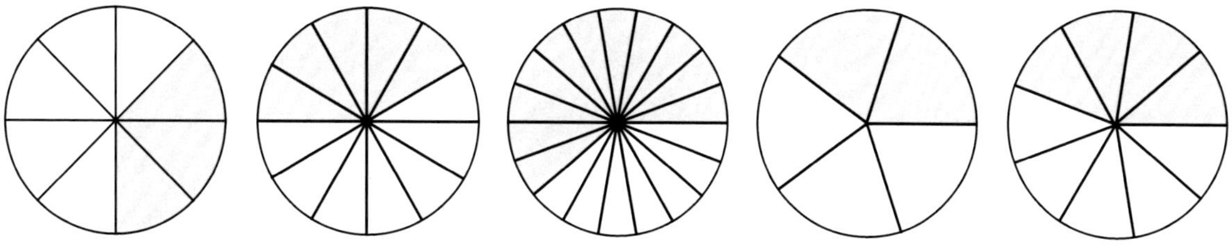

B

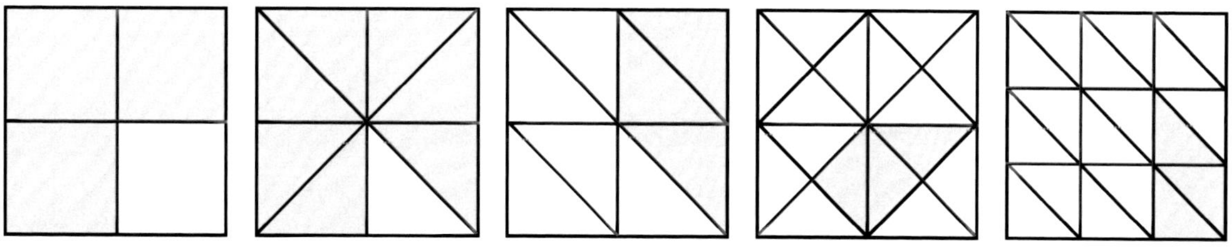

Stationenlernen Bruchrechnen – Bestell-Nr. 12 002

KOHL VERLAG

P

Station

Bruchteile erkennen und kennzeichnen 4

Färbt den angegebenen Bruchteil der Flächen.

A

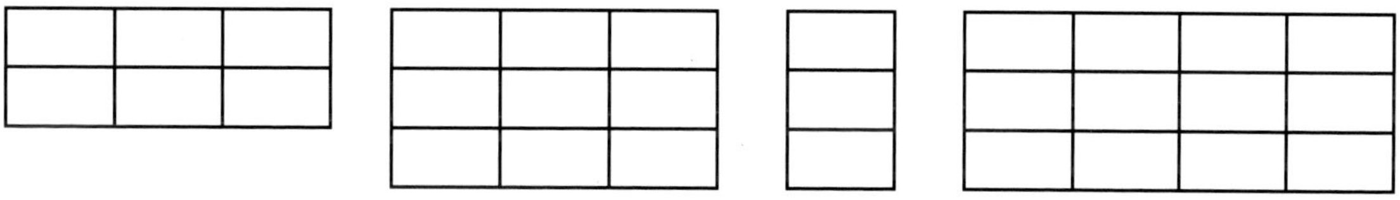

$\frac{5}{6}$ $\frac{7}{9}$ $\frac{2}{3}$ $\frac{5}{12}$

B

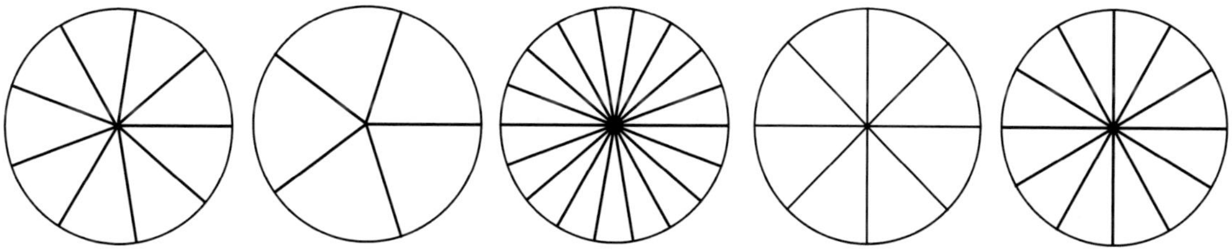

$\frac{2}{9}$ $\frac{3}{5}$ $\frac{7}{18}$ $\frac{1}{8}$ $\frac{7}{12}$

Stationenlernen Bruchrechnen – Bestell-Nr. 12 002

KOHL VERLAG

Station

Bruchteile erkennen und kennzeichnen 3 – Lösungen

Welcher Bruchteil der Figur ist hier jeweils gekennzeichnet?

A

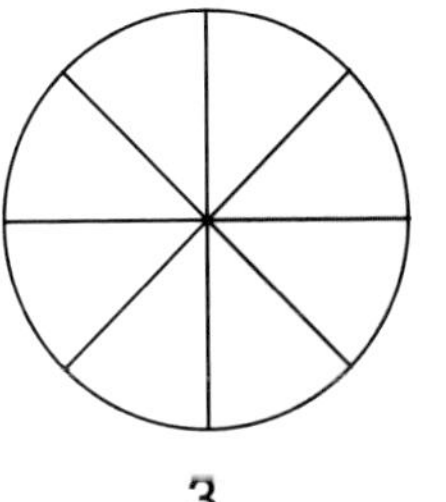

$\frac{3}{8}$

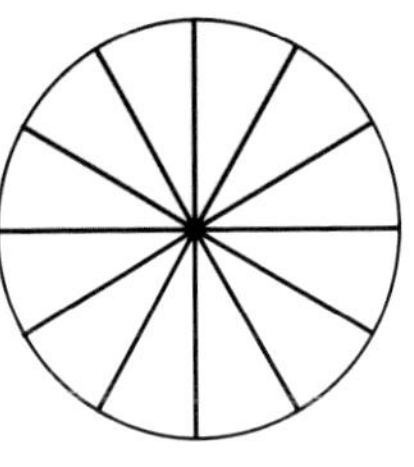

$\frac{5}{12}$

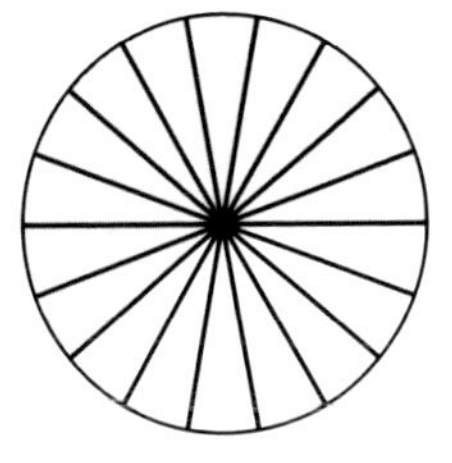

$\frac{11}{18}$

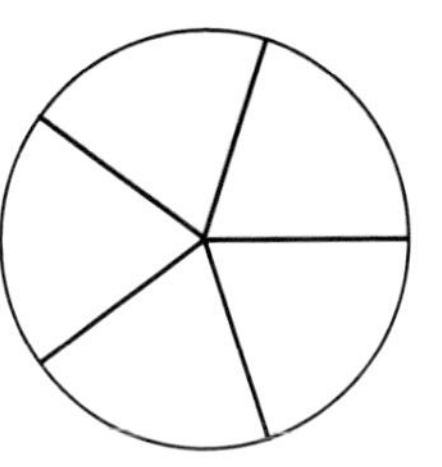

$\frac{2}{5}$

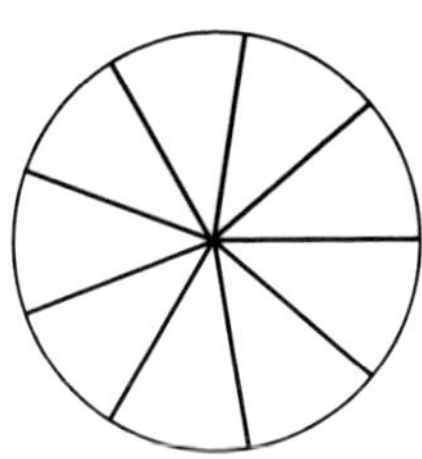

$\frac{4}{9}$

B

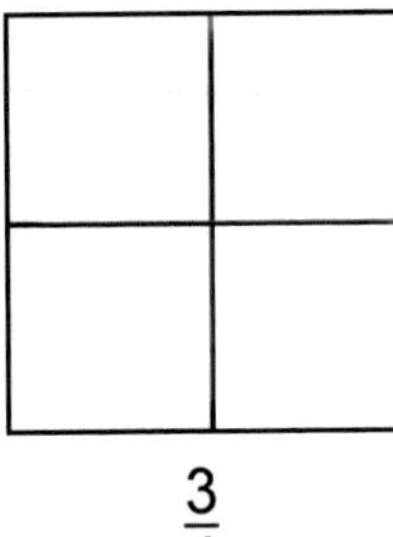

$\frac{3}{4}$

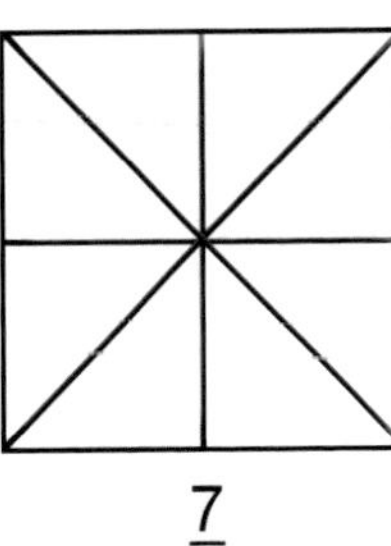

$\frac{7}{8}$

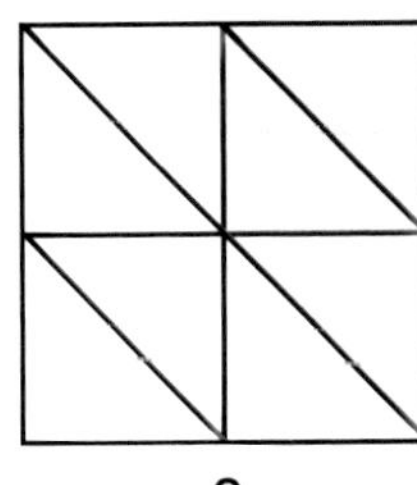

$\frac{3}{8}$

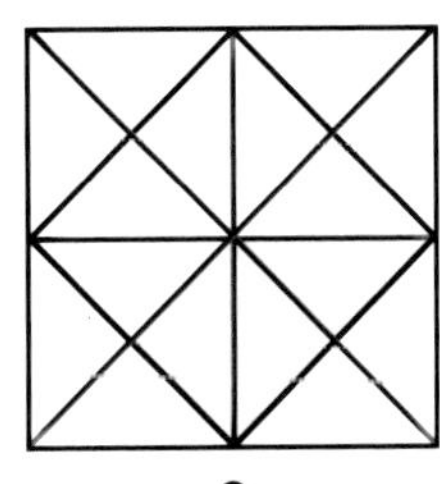

$\frac{3}{16}$

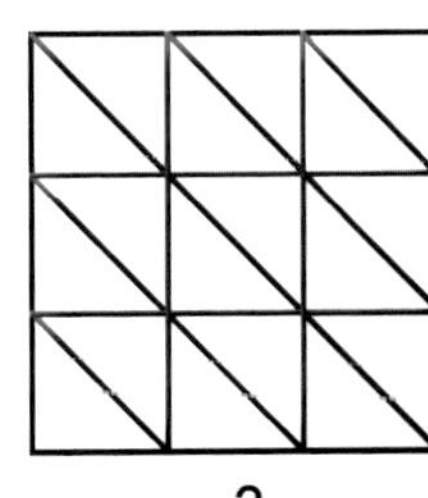

$\frac{3}{18}$

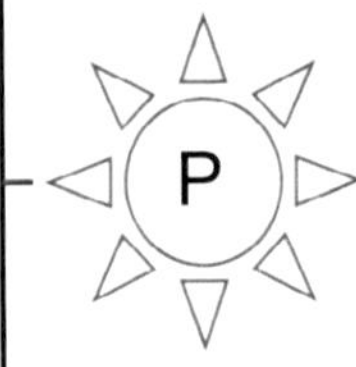

Station

Bruchteile erkennen und kennzeichnen 4 – Lösungen

Färbt den angegebenen Bruchteil der Flächen.

A

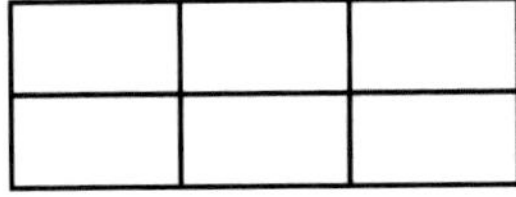

$\frac{5}{6}$

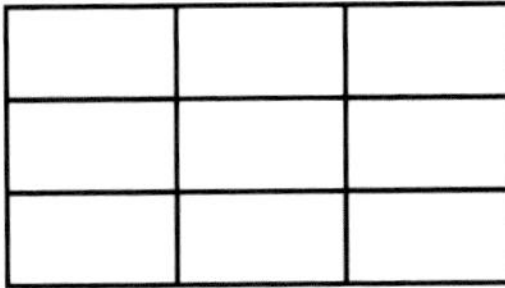

$\frac{7}{9}$

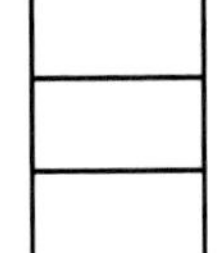

$\frac{2}{3}$

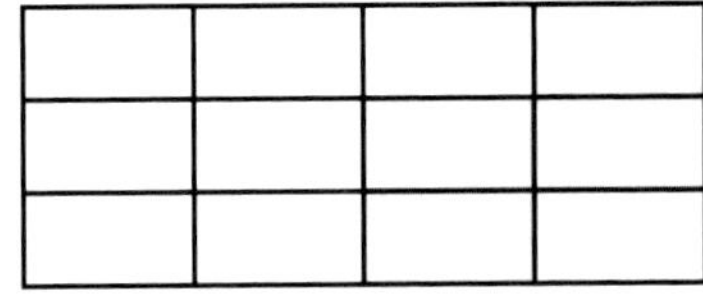

$\frac{5}{12}$

B

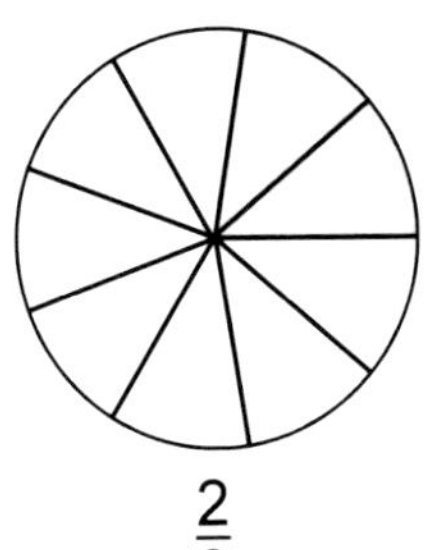

$\frac{2}{9}$

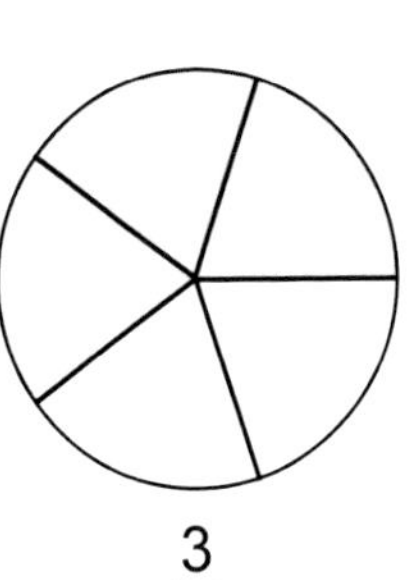

$\frac{3}{5}$

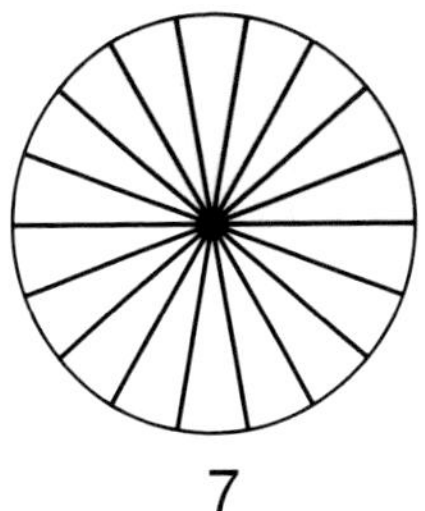

$\frac{7}{18}$

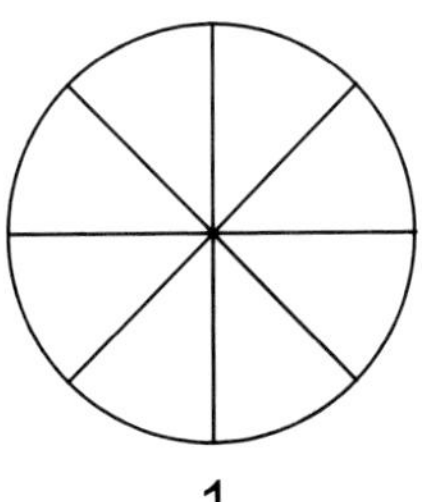

$\frac{1}{8}$

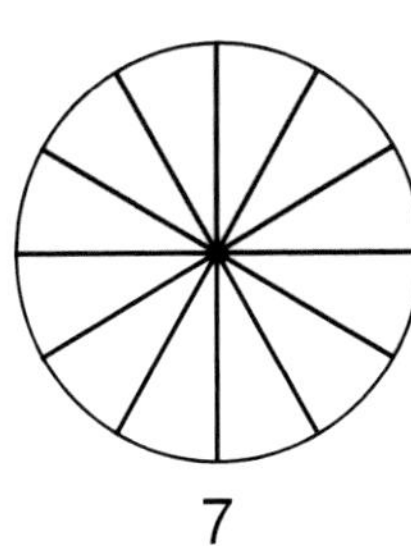

$\frac{7}{12}$

P

Station

★

Bruchteile erkennen und kennzeichnen 5

Färbt den angegebenen Bruchteil der Flächen farbig ein.

A

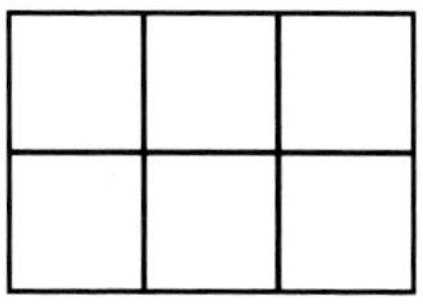

$\frac{1}{6}$ 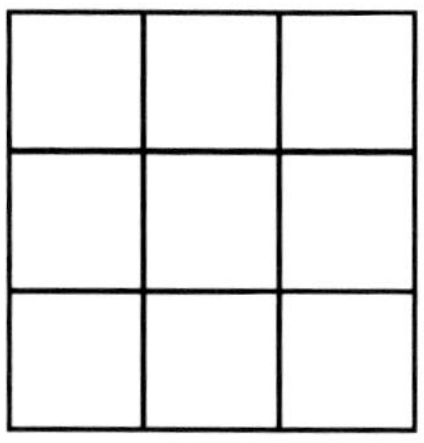 $\frac{5}{9}$ 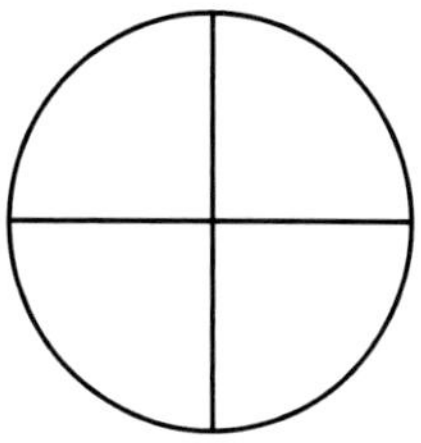 $\frac{3}{4}$ 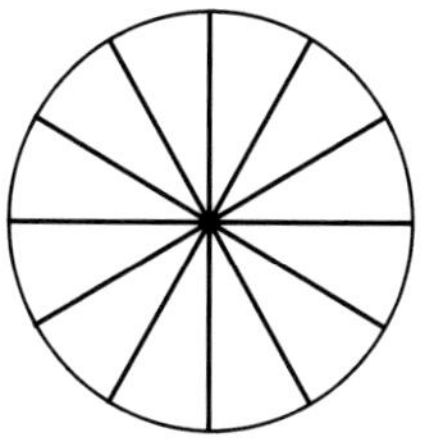 $\frac{5}{12}$

B

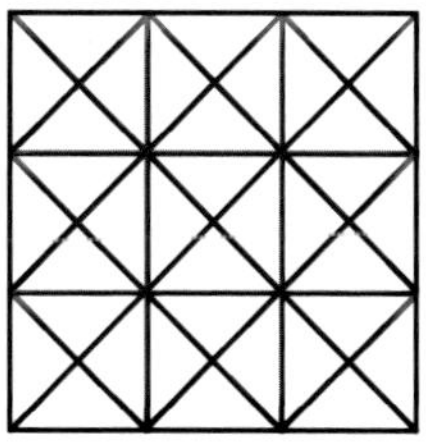

$\frac{13}{36}$ 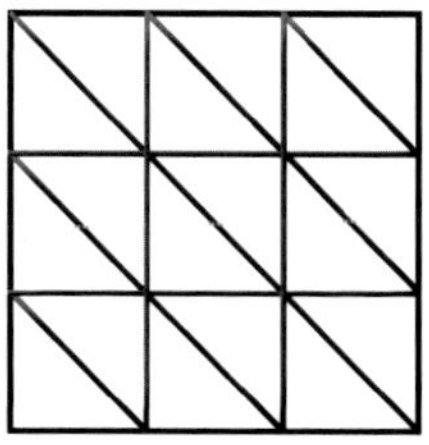 $\frac{4}{18}$ 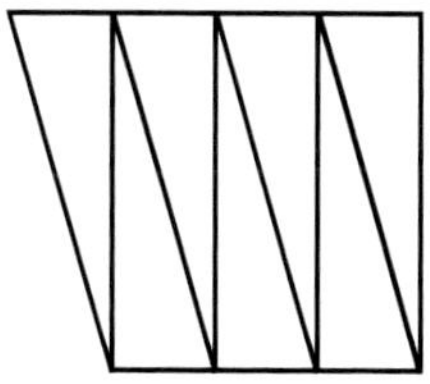 $\frac{3}{7}$ 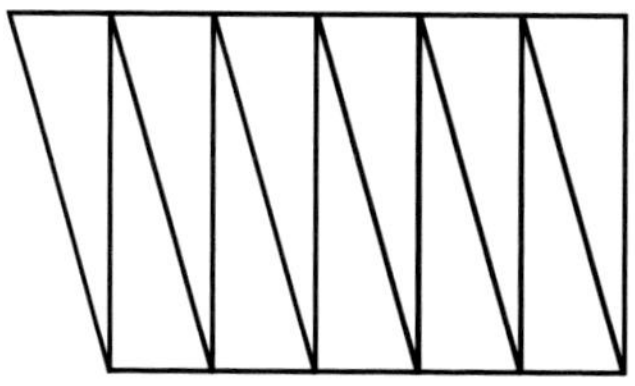 $\frac{1}{11}$

KOHL VERLAG Stationenlernen Bruchrechnen – Bestell-Nr. 12 002

P

Station

★

Bruchteile erkennen und kennzeichnen 6

Welcher Bruchteil der Figur ist hier jeweils gekennzeichnet?

A

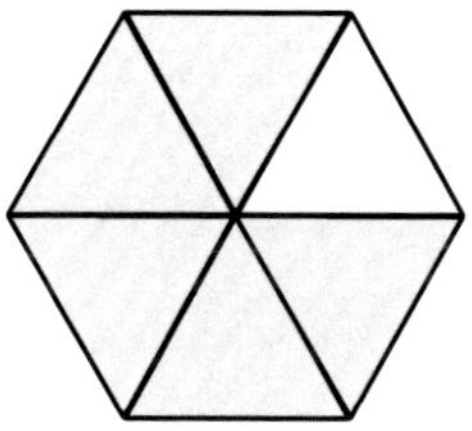

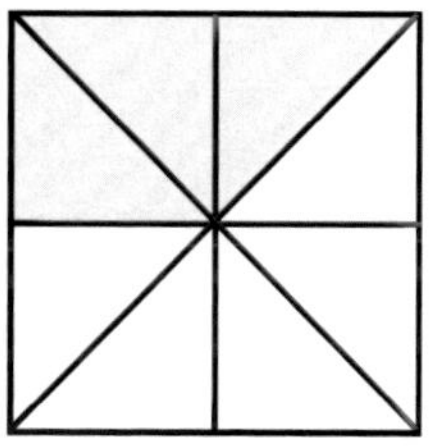

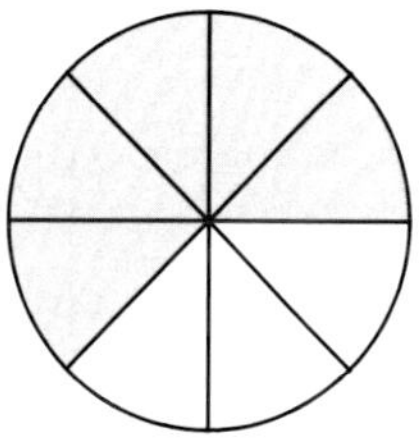

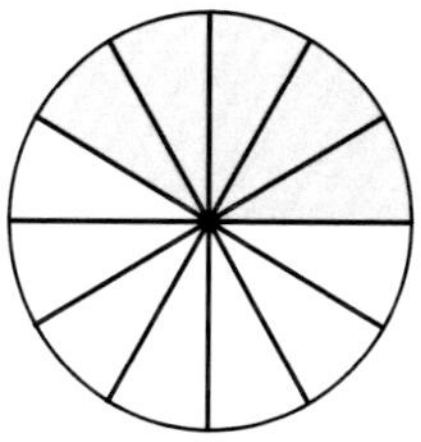

B

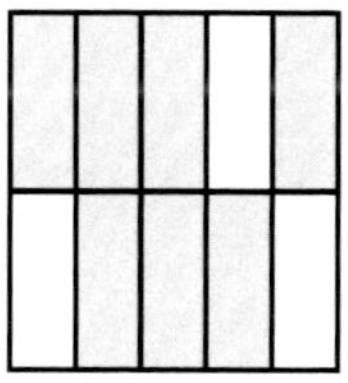

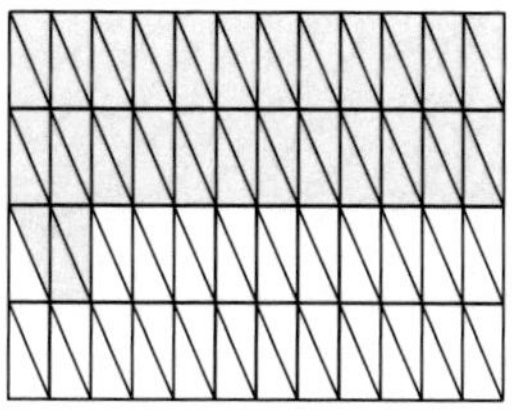

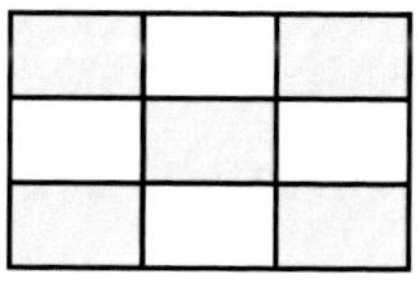

KOHL VERLAG Stationenlernen Bruchrechnen – Bestell-Nr. 12 002

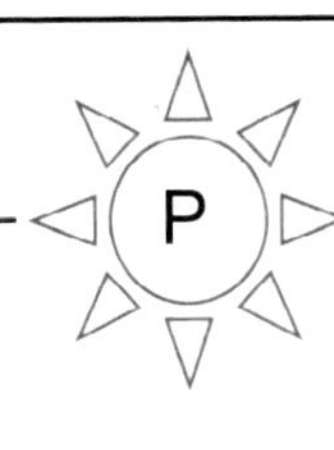

Station

Bruchteile erkennen und kennzeichnen 5 – Lösungen

Färbt den angegebenen Bruchteil der Flächen farbig ein.

A

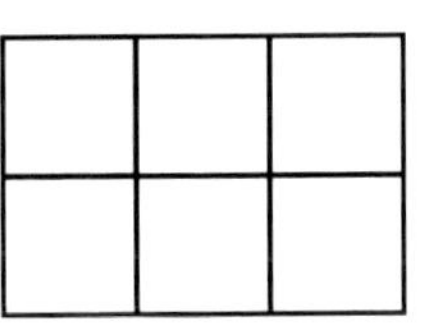 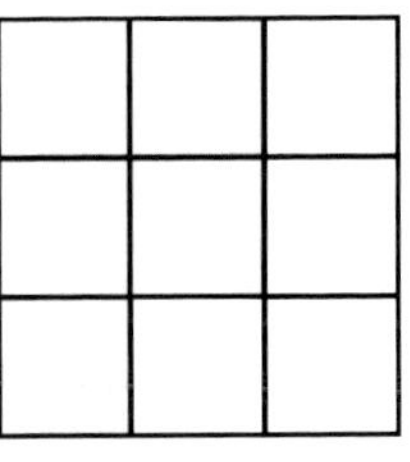 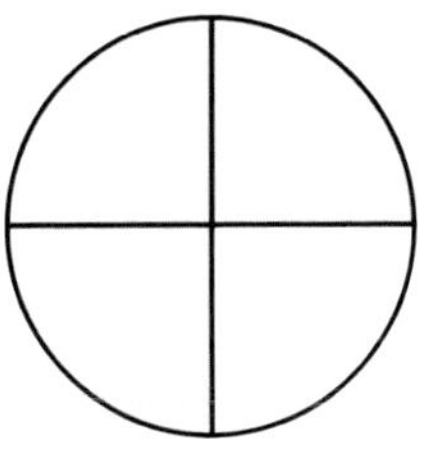 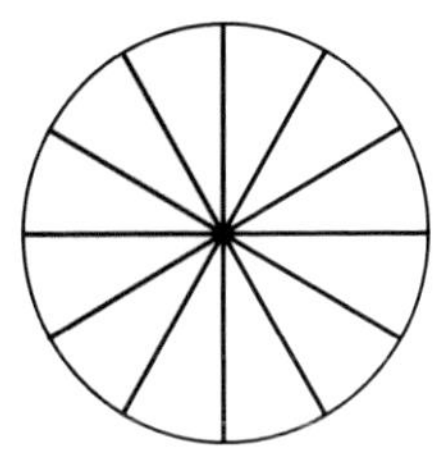

$\frac{1}{6}$ $\frac{5}{9}$ $\frac{3}{4}$ $\frac{5}{12}$

B

 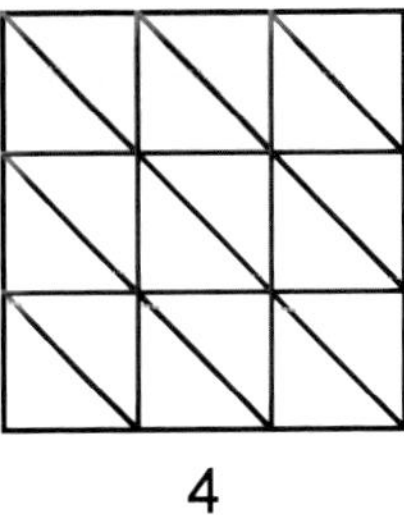 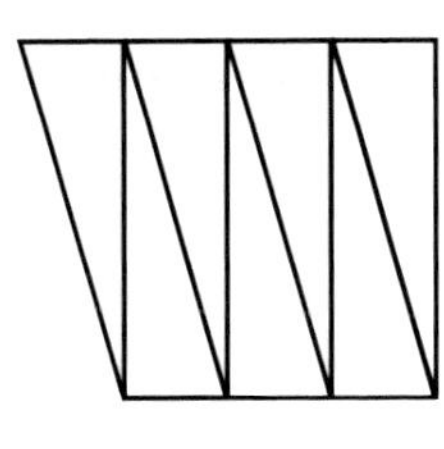 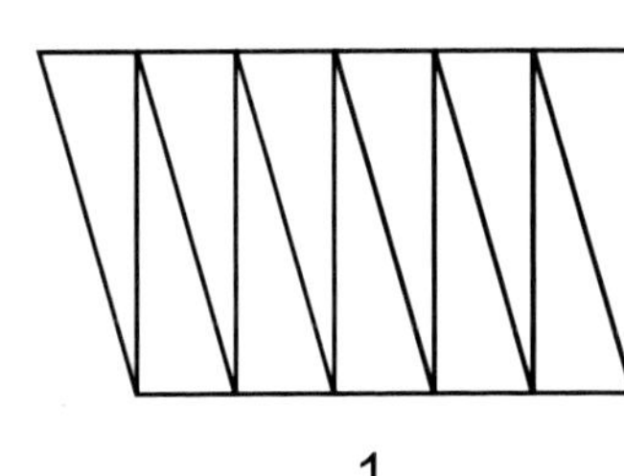

$\frac{13}{36}$ $\frac{4}{18}$ $\frac{3}{7}$ $\frac{1}{11}$

KOHL VERLAG Stationenlernen Bruchrechnen – Bestell-Nr. 12 002

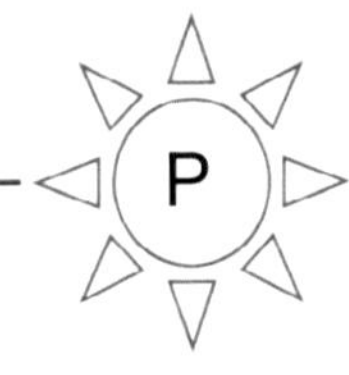

Station

Bruchteile erkennen und kennzeichnen 6 – Lösungen

Welcher Bruchteil der Figur ist hier jeweils gekennzeichnet?

A

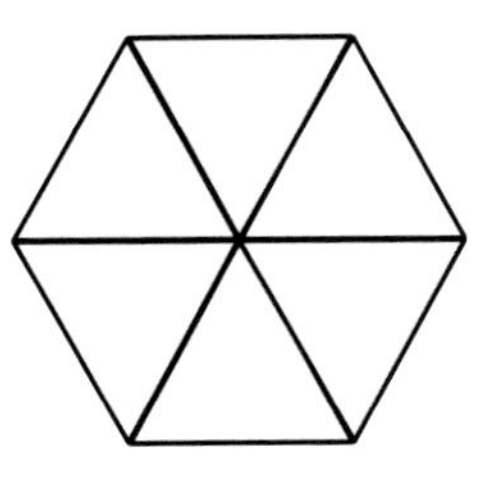 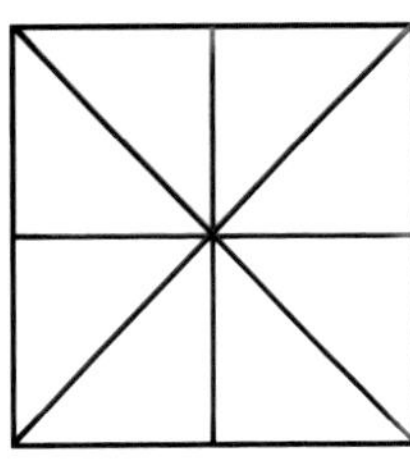 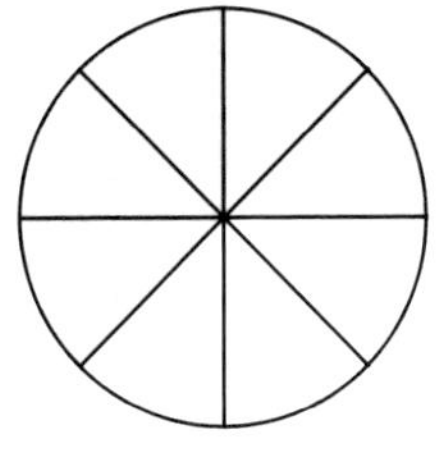 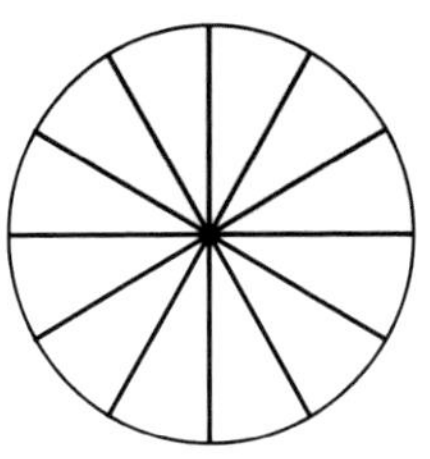

$\frac{5}{6}$ $\frac{3}{8}$ $\frac{5}{8}$ $\frac{5}{12}$

B

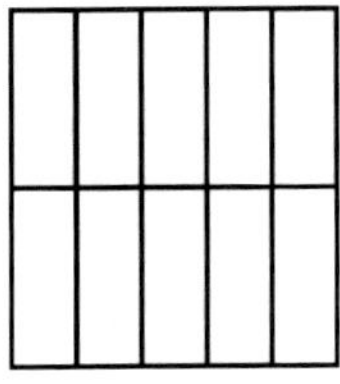 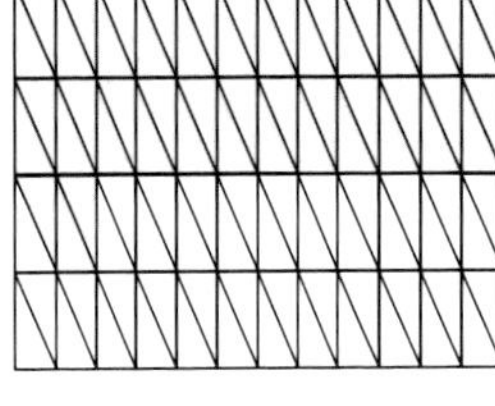 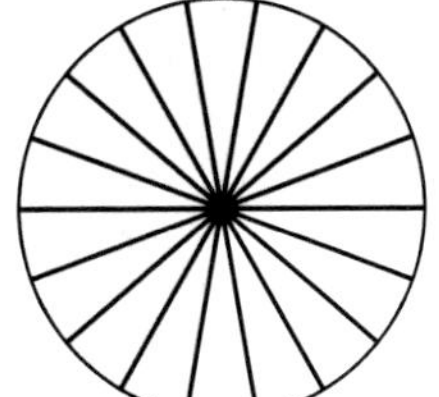 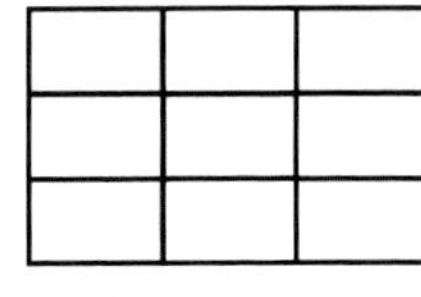

$\frac{7}{10}$ $\frac{51}{96}$ $\frac{13}{18}$ $\frac{5}{9}$

KOHL VERLAG Stationenlernen Bruchrechnen – Bestell-Nr. 12 002

P

Station

Brüche in gemischter Schreibweise und unechte Brüche 1

Welche Brüche sind dargestellt? Gebt eure Ergebnisse in gemischter Schreibweise und als unechten Bruch an.

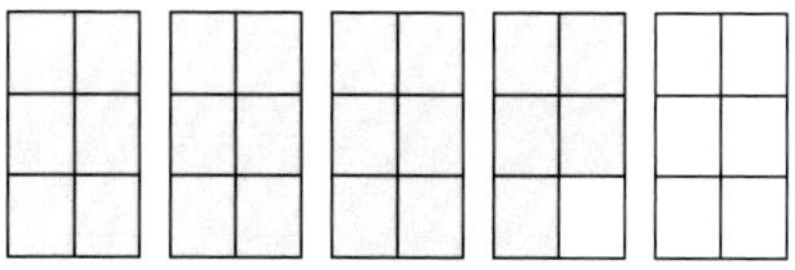

A

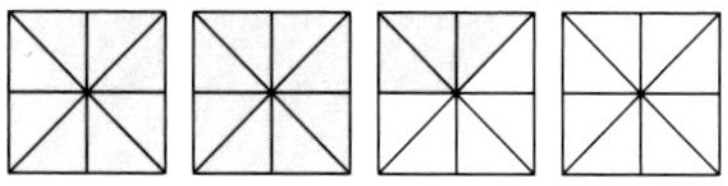

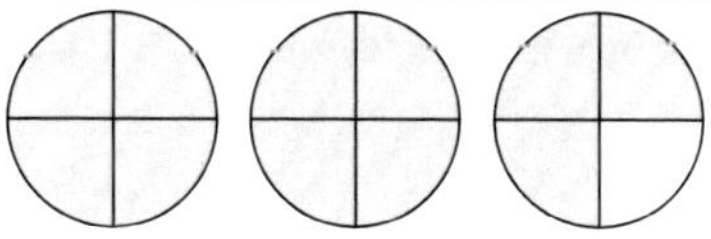

D

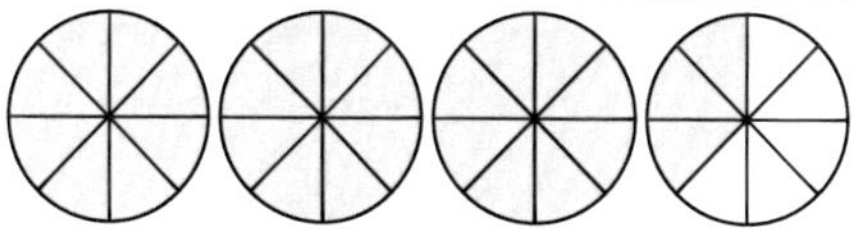

B

E

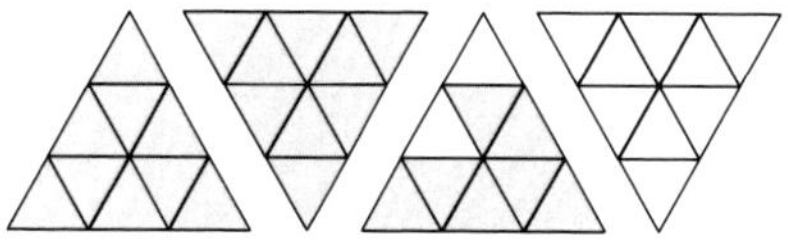

C

F

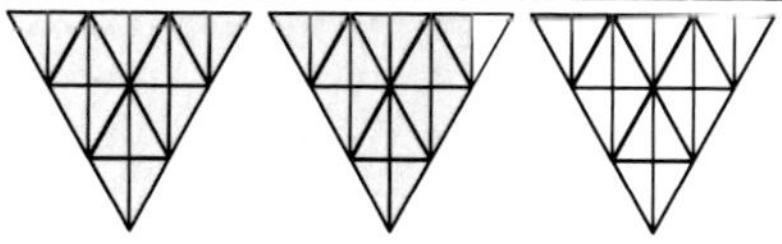

P

Station

Brüche in gemischter Schreibweise und unechte Brüche 2

Färbt den angegebenen unechten Bruch ein. Gebt diesen Bruch dann in gemischter Schreibweise an.

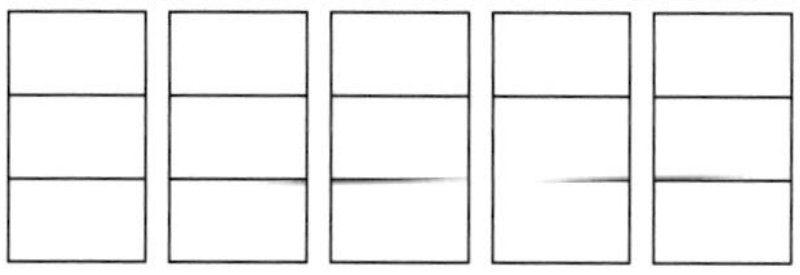

A $\frac{13}{4}$

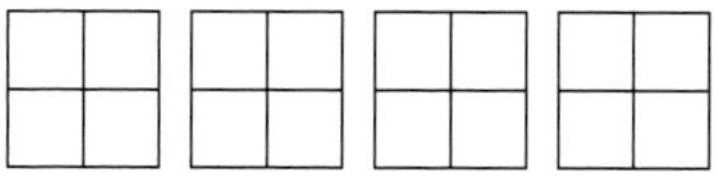

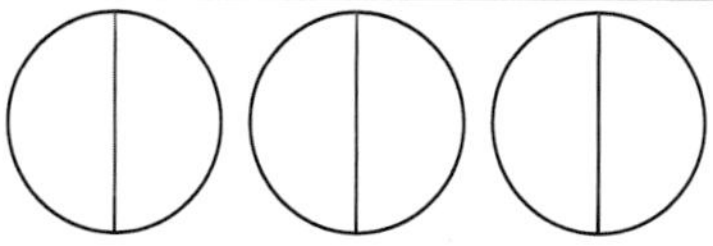

D $\frac{27}{8}$

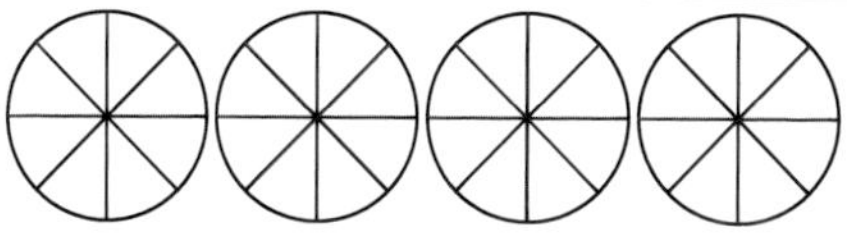

B $\frac{14}{3}$

E $\frac{31}{9}$

C $\frac{5}{2}$

F $\frac{47}{18}$

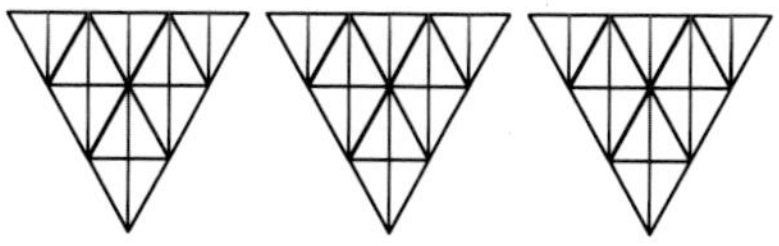

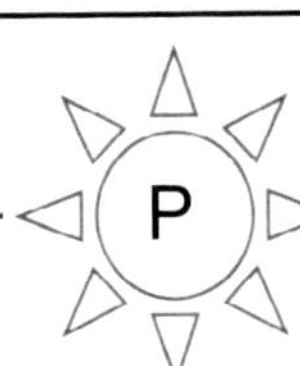

Station

Brüche in gemischter Schreibweise und unechte Brüche 1 – Lösungen

Welche Brüche sind dargestellt? Gebt eure Ergebnisse in gemischter Schreibweise und als unechten Bruch an.

A

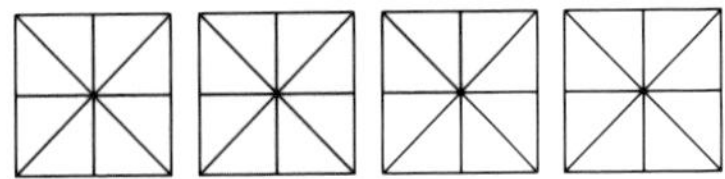

$\frac{19}{8}$ oder $2\frac{3}{8}$

B

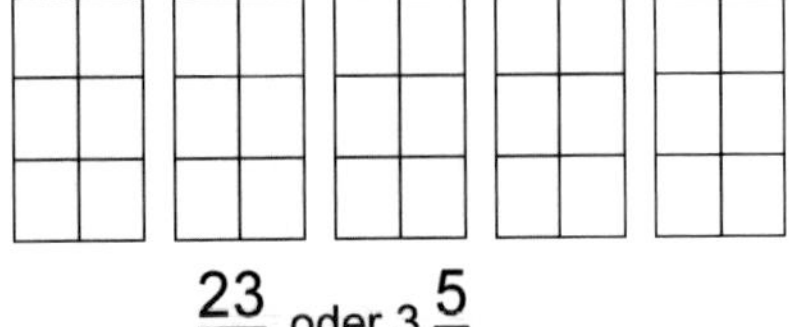

$\frac{23}{6}$ oder $3\frac{5}{6}$

C

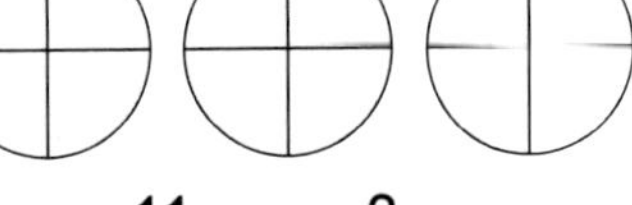

$\frac{11}{4}$ bzw. $2\frac{3}{4}$

D

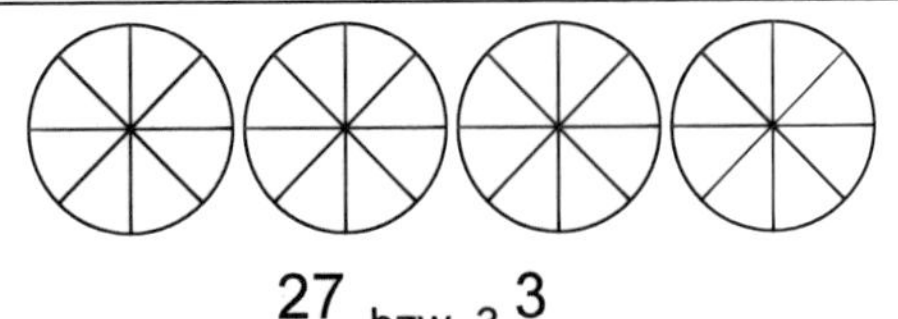

$\frac{27}{8}$ bzw. $3\frac{3}{8}$

E

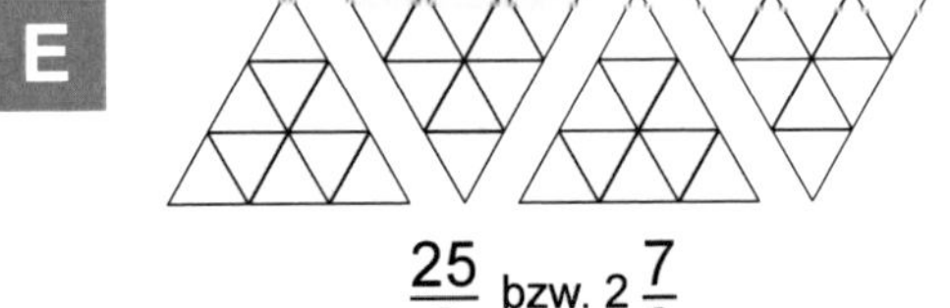

$\frac{25}{9}$ bzw. $2\frac{7}{9}$

F

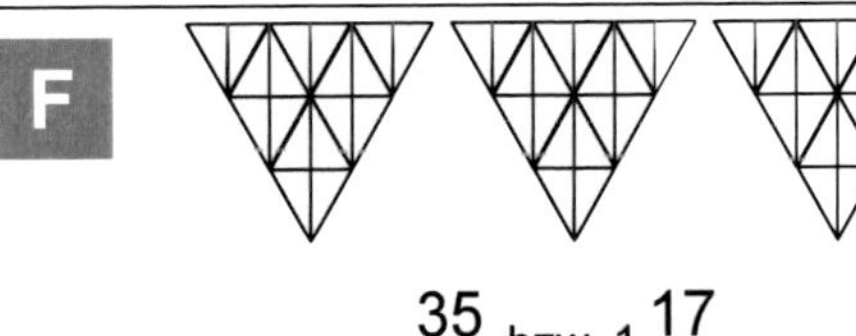

$\frac{35}{18}$ bzw. $1\frac{17}{18}$

KOHL VERLAG Stationenlernen Bruchrechnen – Bestell-Nr. 12 002

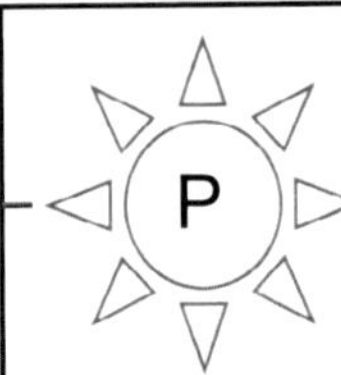

Station

Brüche in gemischter Schreibweise und unechte Brüche 2 – Lösungen

Färbt den angegebenen unechten Bruch ein. Gebt diesen Bruch dann in gemischter Schreibweise an.

A $\frac{13}{4}$

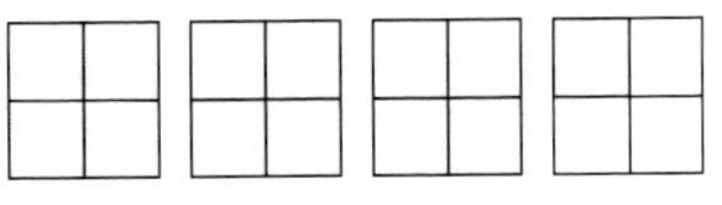

$3\frac{1}{4}$

B $\frac{14}{3}$

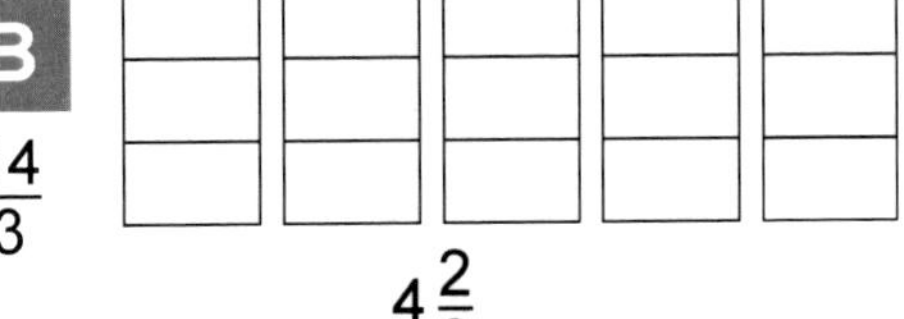

$4\frac{2}{3}$

C $\frac{5}{2}$

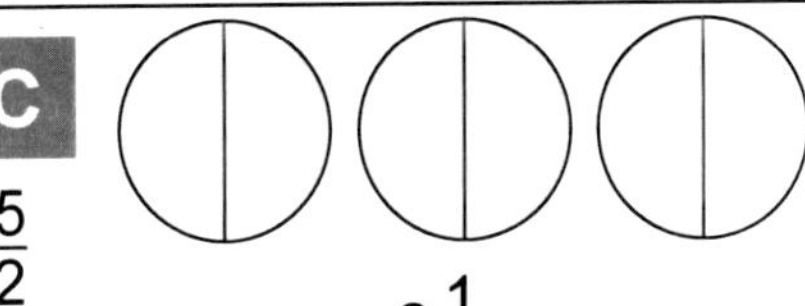

$2\frac{1}{2}$

D $\frac{27}{8}$

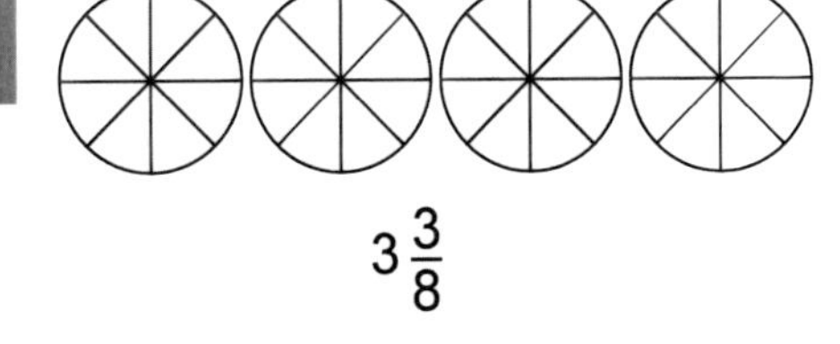

$3\frac{3}{8}$

E $\frac{31}{9}$

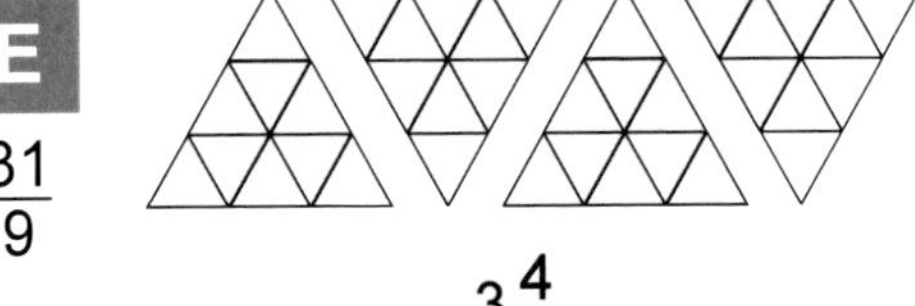

$3\frac{4}{9}$

F $\frac{47}{18}$

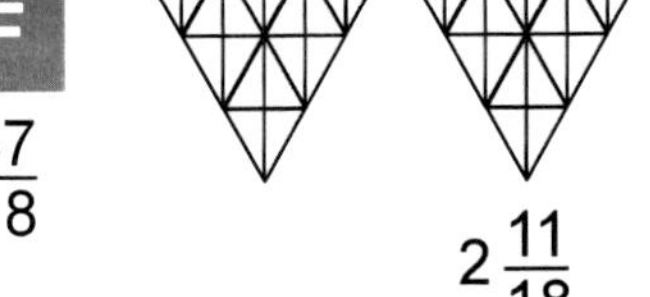

$2\frac{11}{18}$

Stationenlernen Bruchrechnen – Bestell-Nr. 12 002

Station

Brüche ergänzen

Wie viel fehlt an einem Ganzen? Tragt ein.

 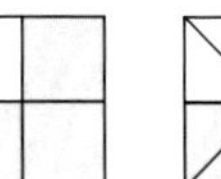 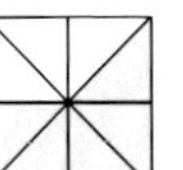 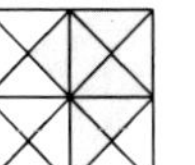 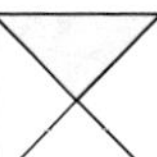

B $\frac{3}{4}$ $\frac{4}{7}$ $\frac{5}{8}$ $\frac{2}{9}$

C $\frac{7}{10}$ $\frac{9}{17}$ $\frac{18}{33}$ $\frac{13}{21}$

 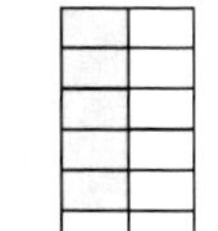 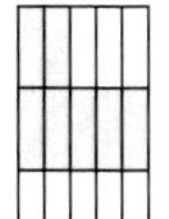 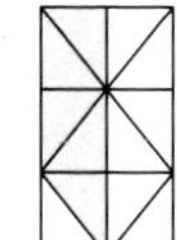

E $\frac{3}{5}$ $\frac{5}{6}$ $\frac{3}{11}$ $\frac{5}{13}$

F $\frac{2}{3}$ $\frac{1}{6}$ $\frac{2}{12}$ $\frac{5}{17}$

Station

  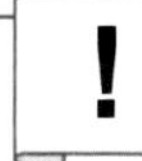

Berechnen von Bruchteilen 1

Berechnet.

A

$\frac{3}{4}$ von 28 € =

$\frac{4}{7}$ von 28 € =

$\frac{5}{8}$ von 32 € =

$\frac{5}{8}$ von 72 km =

$\frac{5}{6}$ von 180 cm =

$\frac{4}{5}$ von 60 mm =

$\frac{1}{12}$ von 48 min =

$\frac{2}{3}$ von 81 kg =

B

$\frac{2}{5}$ von 30 € =

$\frac{5}{12}$ von 600 € =

$\frac{7}{18}$ von 54 t =

$\frac{7}{10}$ von 90 g =

$\frac{7}{15}$ von 180 a =

$\frac{3}{11}$ von 121 m^2 =

$\frac{6}{13}$ von 65 ha =

$\frac{11}{20}$ von 60 dm =

C

$\frac{1}{4}$ von = 35 €

$\frac{2}{5}$ von = 72 t

$\frac{2}{3}$ von = 26 l

$\frac{5}{6}$ von = 110 cm

$\frac{3}{8}$ von = 24 ha

$\frac{3}{7}$ von = 42 kg

$\frac{1}{4}$ von = 21 m

$\frac{5}{9}$ von = 15 g

KOHL VERLAG Stationenlernen Bruchrechnen – Bestell-Nr. 12 002

Station

Brüche ergänzen – Lösungen

Wie viel fehlt an einem Ganzen? Tragt ein.

A

 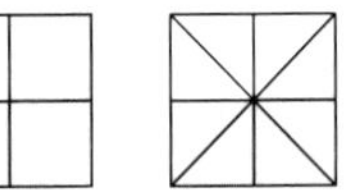 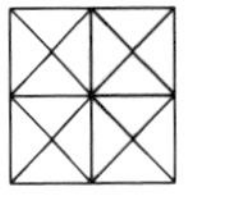

$\frac{1}{4}$ $\frac{3}{8}$ $\frac{9}{16}$ $\frac{3}{4}$

B

$\frac{3}{4}$ $\frac{4}{7}$ $\frac{5}{8}$ $\frac{2}{9}$

$\frac{1}{4}$ $\frac{3}{7}$ $\frac{3}{8}$ $\frac{7}{9}$

C

$\frac{7}{10}$ $\frac{9}{17}$ $\frac{18}{33}$ $\frac{13}{21}$

$\frac{3}{10}$ $\frac{8}{17}$ $\frac{15}{33}$ $\frac{8}{21}$

D

  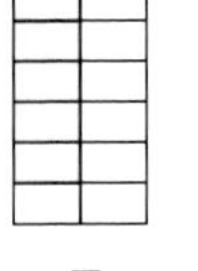 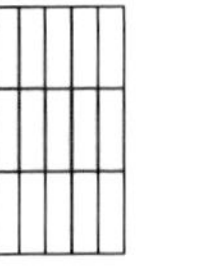

$\frac{1}{6}$ $\frac{7}{12}$ $\frac{8}{15}$ $\frac{7}{12}$

E

$\frac{3}{5}$ $\frac{5}{6}$ $\frac{3}{11}$ $\frac{5}{13}$

$\frac{2}{5}$ $\frac{1}{6}$ $\frac{8}{11}$ $\frac{8}{13}$

F

$\frac{2}{3}$ $\frac{1}{6}$ $\frac{2}{12}$ $\frac{5}{17}$

$\frac{1}{3}$ $\frac{5}{6}$ $\frac{10}{12}$ $\frac{12}{17}$

KOHL VERLAG Stationenlernen Bruchrechnen – Bestell-Nr. 12 002

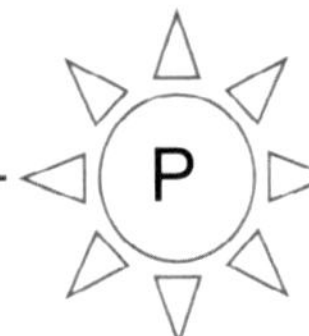

Station

Berechnen von Bruchteilen 1 – Lösungen

Berechnet.

A

$\frac{3}{4}$ von 28 € = 21 €

$\frac{4}{7}$ von 28 € = 16 €

$\frac{5}{8}$ von 32 € = 20 €

$\frac{5}{8}$ von 72 km = 45 km

$\frac{5}{6}$ von 180 cm = 150 cm

$\frac{4}{5}$ von 60 mm = 48 mm

$\frac{1}{12}$ von 48 min = 4 min

$\frac{2}{3}$ von 81 kg = 54 kg

B

$\frac{2}{5}$ von 30 € = 12 €

$\frac{5}{12}$ von 600 € = 250 €

$\frac{7}{18}$ von 54 t = 21 t

$\frac{7}{10}$ von 90 g = 63 g

$\frac{7}{15}$ von 180 a = 84 a

$\frac{3}{11}$ von 121 m^2 = 33 m^2

$\frac{6}{13}$ von 65 ha = 30 ha

$\frac{11}{20}$ von 60 dm = 33 dm

C

$\frac{1}{4}$ von 140 € = 35 €

$\frac{2}{5}$ von 180 t = 72 t

$\frac{2}{3}$ von 39 l = 26 l

$\frac{5}{6}$ von 132 cm = 110 cm

$\frac{3}{8}$ von 64 ha = 24 ha

$\frac{3}{7}$ von 98 kg = 42 kg

$\frac{1}{4}$ von 84 m = 21 m

$\frac{5}{9}$ von 27 g = 15 g

KOHL VERLAG Stationenlernen Bruchrechnen – Bestell-Nr. 12 002

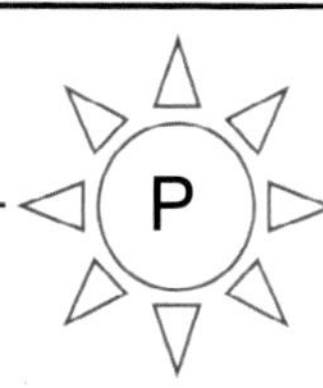

Station

Berechnen von Bruchteilen 2

Berechnet.

A

$\frac{1}{4}$ Jahr =		Monate
$\frac{1}{4}$ h =		min
$\frac{2}{3}$ min =		s
$\frac{1}{4}$ € =		Cent
$\frac{3}{10}$ cm =		mm
$\frac{3}{4}$ kg =		g
$\frac{7}{20}$ km =		m
$\frac{1}{5}$ t =		kg

B

$\frac{1}{2}$ kg =		g
$\frac{2}{5}$ m =		cm
$\frac{2}{5}$ m^2 =		dm^2
$\frac{3}{8}$ t =		kg
$\frac{3}{4}$ cm^2 =		mm^2
$\frac{3}{4}$ Jahr =		Monate
$\frac{2}{25}$ g =		mg
$\frac{3}{20}$ km =		m

KOHL VERLAG Stationenlernen Bruchrechnen – Bestell-Nr. 12 002

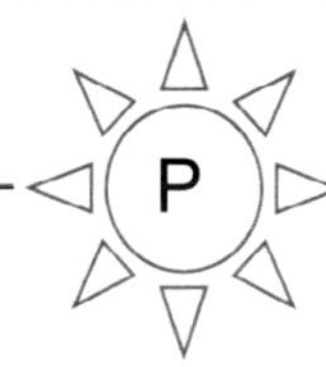

Station

Berechnen von Bruchteilen 3

Berechnet.

A

4 € =		von 12 €
18 m =		von 30 m
28 kg =		von 60 kg
8 t =		von 20 t
15 l =		von 60 l
27 ha =		von 54 ha
45 s =		von 60 s
17 km =		von 51 km

B

24 min =		h
250 m =		km
5 mm =		cm
200 g =		kg
400 ml =		l
125 cm^3		dm^3
3 Monate		Jahr
45 min		h

KOHL VERLAG Stationenlernen Bruchrechnen – Bestell-Nr. 12 002

Station

Berechnen von Bruchteilen 2 – Lösungen

Berechnet.

A

$\frac{1}{4}$ Jahr =	3	Monate
$\frac{1}{4}$ h =	15	min
$\frac{2}{3}$ min =	40	s
$\frac{1}{4}$ € =	25	Cent
$\frac{3}{10}$ cm =	3	mm
$\frac{3}{4}$ kg =	750	g
$\frac{7}{20}$ km =	350	m
$\frac{1}{5}$ t =	200	kg

B

$\frac{1}{2}$ kg =	500	g
$\frac{2}{5}$ m =	40	cm
$\frac{2}{5}$ m^2 =	40	dm^2
$\frac{3}{8}$ t =	375	kg
$\frac{3}{4}$ cm^2 =	75	mm^2
$\frac{3}{4}$ Jahr =	9	Monate
$\frac{2}{25}$ g =	80	mg
$\frac{3}{20}$ km =	150	m

Station

Berechnen von Bruchteilen 3 – Lösungen

Berechnet.

A

4 € =	$\frac{1}{3}$	von 12 €
18 m =	$\frac{3}{5}$	von 30 m
28 kg =	$\frac{7}{15}$	von 60 kg
8 t =	$\frac{2}{5}$	von 20 t
15 l =	$\frac{1}{4}$	von 60 l
27 ha =	$\frac{1}{2}$	von 54 ha
45 s =	$\frac{3}{4}$	von 60 s
17 km =	$\frac{1}{3}$	von 51 km

B

24 min =	$\frac{2}{5}$	h
250 m =	$\frac{1}{4}$	km
5 mm =	$\frac{1}{2}$	cm
200 g =	$\frac{1}{5}$	kg
400 ml =	$\frac{2}{5}$	l
125 cm^3	$\frac{1}{8}$	dm^3
3 Monate	$\frac{1}{4}$	Jahr
45 min	$\frac{3}{4}$	h

Station

Umwandeln von Brüchen 1

A Wandelt die unechten Brüche in natürliche Zahlen um.

$\frac{27}{3} =$

$\frac{49}{7} =$

$\frac{92}{4} =$

$\frac{144}{8} =$

$\frac{132}{6} =$

$\frac{65}{13} =$

$\frac{153}{9} =$

B Notiert die unechten Brüche in gemischter Schreibweise.

$\frac{17}{3} =$

$\frac{33}{4} =$

$\frac{35}{6} =$

$\frac{17}{5} =$

$\frac{39}{7} =$

$\frac{61}{9} =$

$\frac{93}{11} =$

C Schreibt als unechten Bruch.

$9\frac{1}{3} =$

$5\frac{3}{8} =$

$7\frac{5}{9} =$

$12\frac{3}{10} =$

$8\frac{5}{6} =$

$8\frac{6}{7} =$

$6\frac{9}{11} =$

KOHL VERLAG Stationenlernen Bruchrechnen – Bestell-Nr. 12 002

Station

Umwandeln von Brüchen 2

A Wandelt die unechten Brüche in natürliche Zahlen um.

$\frac{270}{10} =$

$\frac{165}{11} =$

$\frac{294}{14} =$

$\frac{128}{2} =$

$\frac{102}{17} =$

$\frac{234}{18} =$

$\frac{126}{9} =$

B Notiert die unechten Brüche in gemischter Schreibweise.

$\frac{35}{8} =$

$\frac{47}{6} =$

$\frac{35}{2} =$

$\frac{77}{5} =$

$\frac{69}{11} =$

$\frac{93}{17} =$

$\frac{92}{15} =$

C Schreibt als unechten Bruch.

$11\frac{2}{5} =$

$7\frac{4}{7} =$

$9\frac{1}{2} =$

$13\frac{2}{15} =$

$6\frac{5}{9} =$

$28\frac{2}{3} =$

$12\frac{6}{17} =$

KOHL VERLAG Stationenlernen Bruchrechnen – Bestell-Nr. 12 002

Station

Umwandeln von Brüchen 1 – Lösungen

A Wandelt die unechten Brüche in natürliche Zahlen um.

$\frac{27}{3} = 9$

$\frac{49}{7} = 7$

$\frac{92}{4} = 23$

$\frac{144}{8} = 18$

$\frac{132}{6} = 22$

$\frac{65}{13} = 5$

$\frac{153}{9} = 17$

B Notiert die unechten Brüche in gemischter Schreibweise.

$\frac{17}{3} = 5\frac{2}{3}$

$\frac{33}{4} = 8\frac{1}{4}$

$\frac{35}{6} = 5\frac{5}{6}$

$\frac{17}{5} = 3\frac{2}{5}$

$\frac{39}{7} = 5\frac{4}{7}$

$\frac{61}{9} = 6\frac{7}{9}$

$\frac{93}{11} = 8\frac{5}{11}$

C Schreibt als unechten Bruch.

$9\frac{1}{3} = \frac{28}{3}$

$5\frac{3}{8} = \frac{43}{8}$

$7\frac{5}{9} = \frac{68}{9}$

$12\frac{3}{10} = \frac{123}{10}$

$8\frac{5}{6} = \frac{53}{6}$

$8\frac{6}{7} = \frac{62}{7}$

$6\frac{9}{11} = \frac{75}{11}$

Station

Umwandeln von Brüchen 2 – Lösungen

A Wandelt die unechten Brüche in natürliche Zahlen um.

$\frac{270}{10} = 27$

$\frac{165}{11} = 15$

$\frac{294}{14} = 21$

$\frac{128}{2} = 64$

$\frac{102}{17} = 6$

$\frac{234}{18} = 13$

$\frac{126}{9} = 14$

B Notiert die unechten Brüche in gemischter Schreibweise.

$\frac{35}{8} = 4\frac{3}{8}$

$\frac{47}{6} = 7\frac{5}{6}$

$\frac{35}{2} = 17\frac{1}{2}$

$\frac{77}{5} = 15\frac{2}{5}$

$\frac{69}{11} = 6\frac{3}{11}$

$\frac{93}{17} = 5\frac{8}{17}$

$\frac{92}{15} = 6\frac{2}{15}$

C Schreibt als unechten Bruch.

$11\frac{2}{5} = \frac{57}{5}$

$7\frac{4}{7} = \frac{53}{7}$

$9\frac{1}{2} = \frac{19}{2}$

$13\frac{2}{15} = \frac{197}{15}$

$6\frac{5}{9} = \frac{59}{9}$

$28\frac{2}{3} = \frac{86}{3}$

$12\frac{6}{17} = \frac{210}{17}$

Station

Erweitern von Brüchen 1

A Erweitert den Bruch auf den angegebenen Nenner.

$\frac{1}{2} = \frac{\_\_\_}{14}$

$\frac{2}{3} = \frac{\_\_\_}{15}$

$\frac{3}{5} = \frac{\_\_\_}{15}$

$\frac{3}{7} = \frac{\_\_\_}{21}$

$\frac{1}{6} = \frac{\_\_\_}{24}$

$\frac{1}{9} = \frac{\_\_\_}{27}$

$\frac{3}{8} = \frac{\_\_\_}{24}$

B Mit welcher Zahl wurde der Bruch erweitert?

$\frac{1}{2} = \frac{27}{54}$

$\frac{2}{3} = \frac{24}{36}$

$\frac{3}{5} = \frac{39}{65}$

$\frac{3}{7} = \frac{39}{91}$

$\frac{7}{8} = \frac{28}{32}$

$\frac{8}{9} = \frac{56}{63}$

$\frac{5}{6} = \frac{75}{90}$

$\frac{11}{13} = \frac{44}{52}$

C Erweitert jeden Bruch auf Hundertstel.

$\frac{2}{5} = \frac{\_\_\_}{100}$

$\frac{3}{4} = \frac{\_\_\_}{100}$

$\frac{3}{20} = \frac{\_\_\_}{100}$

$\frac{1}{2} = \frac{\_\_\_}{100}$

$\frac{1}{5} = \frac{\_\_\_}{100}$

$\frac{7}{10} = \frac{\_\_\_}{100}$

$\frac{3}{25} = \frac{\_\_\_}{100}$

Station

Erweitern von Brüchen 2

A Ergänzt den fehlenden Zähler oder Nenner.

$\frac{1}{2} = \frac{\_\_\_}{14}$	$\frac{1}{2} = \frac{\_\_\_}{18}$
$\frac{2}{3} = \frac{10}{\_\_\_}$	$\frac{5}{6} = \frac{15}{\_\_\_}$
$\frac{3}{5} = \frac{\_\_\_}{15}$	$\frac{1}{9} = \frac{\_\_\_}{27}$
$\frac{3}{7} = \frac{9}{\_\_\_}$	$\frac{3}{8} = \frac{9}{\_\_\_}$
$\frac{1}{3} = \frac{\_\_\_}{27}$	$\frac{1}{6} = \frac{\_\_\_}{24}$
$\frac{3}{8} = \frac{24}{\_\_\_}$	$\frac{3}{7} = \frac{9}{\_\_\_}$

B Ergänzt den fehlenden Zähler oder Nenner.

$\frac{1}{2} = \frac{\_\_\_}{24}$	$\frac{1}{2} = \frac{\_\_\_}{64}$
$\frac{2}{3} = \frac{40}{\_\_\_}$	$\frac{1}{3} = \frac{23}{\_\_\_}$
$\frac{3}{5} = \frac{\_\_\_}{75}$	$\frac{5}{8} = \frac{\_\_\_}{96}$
$\frac{3}{7} = \frac{12}{\_\_\_}$	$\frac{3}{7} = \frac{9}{\_\_\_}$
$\frac{7}{25} = \frac{\_\_\_}{75}$	$\frac{3}{4} = \frac{\_\_\_}{72}$
$\frac{2}{9} = \frac{18}{\_\_\_}$	$\frac{3}{8} = \frac{36}{\_\_\_}$

C Erweitert die zwei Brüche so, dass sie denselben Nenner haben.

$\frac{3}{5} = \frac{\_\_\_}{\_\_\_}$	$\frac{2}{3} = \frac{\_\_\_}{\_\_\_}$
$\frac{5}{9} = \frac{\_\_\_}{\_\_\_}$	$\frac{5}{6} = \frac{\_\_\_}{\_\_\_}$
$\frac{7}{10} = \frac{\_\_\_}{\_\_\_}$	$\frac{4}{5} = \frac{\_\_\_}{\_\_\_}$
$\frac{5}{14} = \frac{\_\_\_}{\_\_\_}$	$\frac{1}{2} = \frac{\_\_\_}{\_\_\_}$
$\frac{5}{6} = \frac{\_\_\_}{\_\_\_}$	$\frac{5}{8} = \frac{\_\_\_}{\_\_\_}$
$\frac{7}{12} = \frac{\_\_\_}{\_\_\_}$	$\frac{7}{9} = \frac{\_\_\_}{\_\_\_}$

P

Station

Erweitern von Brüchen 1 – Lösungen

A Erweitert den Bruch auf den angegebenen Nenner.

$\frac{1}{2} = \frac{7}{14}$

$\frac{2}{3} = \frac{10}{15}$

$\frac{3}{5} = \frac{9}{15}$

$\frac{3}{7} = \frac{9}{21}$

$\frac{1}{6} = \frac{4}{24}$

$\frac{1}{9} = \frac{3}{27}$

$\frac{3}{8} = \frac{9}{24}$

B Mit welcher Zahl wurde der Bruch erweitert?

$\frac{1}{2} = \frac{27}{54}$ 27

$\frac{2}{3} = \frac{24}{36}$ 12

$\frac{3}{5} = \frac{39}{65}$ 13

$\frac{3}{7} = \frac{39}{91}$ 13

$\frac{7}{8} = \frac{28}{32}$ 4

$\frac{8}{9} = \frac{56}{63}$ 7

$\frac{5}{6} = \frac{75}{90}$ 15

$\frac{11}{13} = \frac{44}{52}$ 4

C Erweitert jeden Bruch auf Hundertstel.

$\frac{2}{5} = \frac{40}{100}$

$\frac{3}{4} = \frac{75}{100}$

$\frac{3}{20} = \frac{15}{100}$

$\frac{1}{2} = \frac{50}{100}$

$\frac{1}{5} = \frac{20}{100}$

$\frac{7}{10} = \frac{70}{100}$

$\frac{3}{25} = \frac{12}{100}$

Station

Erweitern von Brüchen 2 – Lösungen

A Ergänzt den fehlenden Zähler oder Nenner.

$\frac{1}{2} = \frac{7}{14}$ | $\frac{1}{2} = \frac{9}{18}$

$\frac{2}{3} = \frac{10}{15}$ | $\frac{5}{6} = \frac{15}{18}$

$\frac{3}{5} = \frac{9}{15}$ | $\frac{1}{9} = \frac{3}{27}$

$\frac{3}{7} = \frac{9}{21}$ | $\frac{3}{8} = \frac{9}{24}$

$\frac{1}{3} = \frac{9}{27}$ | $\frac{1}{6} = \frac{4}{24}$

$\frac{3}{8} = \frac{24}{64}$ | $\frac{3}{7} = \frac{9}{21}$

B Ergänzt den fehlenden Zähler oder Nenner.

$\frac{1}{2} = \frac{12}{24}$ | $\frac{1}{2} = \frac{32}{64}$

$\frac{2}{3} = \frac{40}{60}$ | $\frac{1}{3} = \frac{23}{69}$

$\frac{3}{5} = \frac{45}{75}$ | $\frac{5}{8} = \frac{60}{96}$

$\frac{3}{7} = \frac{12}{28}$ | $\frac{3}{7} = \frac{9}{21}$

$\frac{7}{25} = \frac{21}{75}$ | $\frac{3}{4} = \frac{54}{72}$

$\frac{2}{9} = \frac{18}{81}$ | $\frac{3}{8} = \frac{36}{96}$

C Erweitert die zwei Brüche so, dass sie denselben Nenner haben.

$\frac{3}{5} = \frac{9}{15}$ | $\frac{2}{3} = \frac{10}{15}$

$\frac{5}{9} = \frac{10}{18}$ | $\frac{5}{6} = \frac{15}{18}$

$\frac{7}{10} = \frac{7}{10}$ | $\frac{4}{5} = \frac{8}{10}$

$\frac{5}{14} = \frac{5}{14}$ | $\frac{1}{2} = \frac{7}{14}$

$\frac{5}{6} = \frac{20}{24}$ | $\frac{5}{8} = \frac{15}{24}$

$\frac{7}{12} = \frac{21}{36}$ | $\frac{7}{9} = \frac{28}{36}$

Stationenlernen Bruchrechnen – Bestell-Nr. 12 002

Station

Kürzen von Brüchen

A Kürzt den Bruch durch die angegebene Zahl.

4	$\frac{8}{12}$ =	______
6	$\frac{24}{48}$ =	______
7	$\frac{14}{63}$ =	______
5	$\frac{55}{90}$ =	______
18	$\frac{18}{54}$ =	______
6	$\frac{66}{78}$ =	______

B Kürzt den Bruch durch die angegebene Zahl.

9	$\frac{63}{72}$ =	______
15	$\frac{120}{135}$ =	______
15	$\frac{75}{90}$ =	______
8	$\frac{64}{88}$ =	______
12	$\frac{36}{48}$ =	______
13	$\frac{65}{78}$ =	______

C Durch welche Zahl wurde der Bruch gekürzt?

$\frac{36}{54} = \frac{2}{3}$

$\frac{21}{24} = \frac{7}{8}$

$\frac{54}{90} = \frac{3}{5}$

$\frac{54}{81} = \frac{6}{9}$

$\frac{35}{40} = \frac{7}{8}$

$\frac{96}{108} = \frac{8}{9}$

$\frac{85}{102} = \frac{5}{6}$

$\frac{78}{90} = \frac{13}{15}$

Station

Vergleichen von Brüchen

A Vergleicht. Setzt < oder > ein.

$\frac{3}{4}$	$\frac{1}{4}$
$\frac{3}{7}$	$\frac{5}{7}$
$\frac{14}{3}$	$\frac{13}{3}$
$\frac{1}{4}$	$\frac{1}{5}$
$\frac{1}{15}$	$\frac{1}{14}$
$\frac{1}{8}$	$\frac{1}{4}$
$\frac{4}{5}$	$\frac{3}{5}$
$\frac{1}{8}$	$\frac{1}{7}$

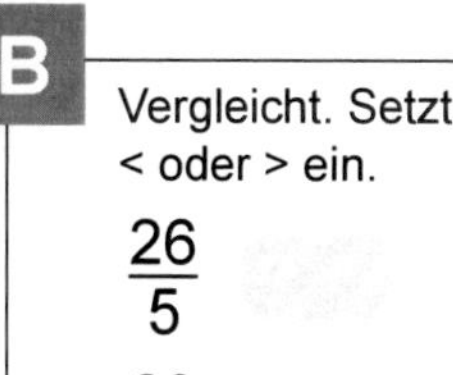

B Vergleicht. Setzt < oder > ein.

$\frac{26}{5}$	5
$\frac{63}{4}$	16
$\frac{21}{8}$	3
$\frac{69}{6}$	12
$\frac{65}{9}$	7
$\frac{21}{3}$	8
$\frac{56}{3}$	18
$\frac{47}{3}$	6

C Vergleicht und setzt < oder > ein. Macht die Brüche zunächst gleichnamig.

$\frac{3}{4}$	$\frac{11}{16}$	______	______
$\frac{4}{5}$	$\frac{5}{6}$	______	______
$\frac{3}{5}$	$\frac{4}{7}$	______	______
$\frac{4}{5}$	$\frac{31}{40}$	______	______
$\frac{8}{9}$	$\frac{3}{4}$	______	______
$\frac{5}{6}$	$\frac{7}{8}$	______	______

Station

Kürzen von Brüchen – Lösungen

A Kürzt den Bruch durch die angegebene Zahl.

Zahl	Bruch		Ergebnis
4	$\frac{8}{12}$	=	$\frac{2}{3}$
6	$\frac{24}{48}$	=	$\frac{4}{8}$
7	$\frac{14}{63}$	=	$\frac{2}{9}$
5	$\frac{55}{90}$	=	$\frac{11}{18}$
18	$\frac{18}{54}$	=	$\frac{1}{3}$
6	$\frac{66}{78}$	=	$\frac{11}{13}$

B Kürzt den Bruch durch die angegebene Zahl.

Zahl	Bruch		Ergebnis
9	$\frac{63}{72}$	=	$\frac{7}{8}$
15	$\frac{120}{135}$	=	$\frac{8}{9}$
15	$\frac{75}{90}$	=	$\frac{5}{6}$
8	$\frac{64}{88}$	=	$\frac{8}{11}$
12	$\frac{36}{48}$	=	$\frac{3}{4}$
13	$\frac{65}{78}$	=	$\frac{5}{6}$

C Durch welche Zahl wurde der Bruch gekürzt?

Bruch		Ergebnis	Zahl
$\frac{36}{54}$	=	$\frac{2}{3}$	18
$\frac{21}{24}$	=	$\frac{7}{8}$	3
$\frac{54}{90}$	=	$\frac{3}{5}$	18
$\frac{54}{81}$	=	$\frac{6}{9}$	9
$\frac{35}{40}$	=	$\frac{7}{8}$	5
$\frac{96}{108}$	=	$\frac{8}{9}$	12
$\frac{85}{102}$	=	$\frac{5}{6}$	17
$\frac{78}{90}$	=	$\frac{13}{15}$	6

KOHL VERLAG Stationenlernen Bruchrechnen – Bestell-Nr. 12 002

Station

Vergleichen von Brüchen – Lösungen

A Vergleicht. Setzt < oder > ein.

$\frac{3}{4}$	>	$\frac{1}{4}$
$\frac{3}{7}$	<	$\frac{5}{7}$
$\frac{14}{3}$	>	$\frac{13}{3}$
$\frac{1}{4}$	>	$\frac{1}{5}$
$\frac{1}{15}$	<	$\frac{1}{14}$
$\frac{1}{8}$	<	$\frac{1}{4}$
$\frac{4}{5}$	>	$\frac{3}{5}$
$\frac{1}{8}$	<	$\frac{1}{7}$

B Vergleicht. Setzt < oder > ein.

$\frac{26}{5}$	>	5
$\frac{63}{4}$	<	16
$\frac{21}{8}$	<	3
$\frac{69}{6}$	<	12
$\frac{65}{9}$	>	7
$\frac{21}{3}$	<	8
$\frac{56}{3}$	>	18
$\frac{47}{3}$	<	6

C Vergleicht und setzt < oder > ein. Macht die Brüche zunächst gleichnamig.

$\frac{3}{4}$	>	$\frac{11}{16}$	$\frac{12}{16}$	>	$\frac{11}{16}$
$\frac{4}{5}$	<	$\frac{5}{6}$	$\frac{24}{30}$	>	$\frac{25}{30}$
$\frac{3}{5}$	>	$\frac{4}{7}$	$\frac{21}{35}$	>	$\frac{20}{35}$
$\frac{4}{5}$	>	$\frac{31}{40}$	$\frac{32}{40}$	>	$\frac{31}{40}$
$\frac{8}{9}$	>	$\frac{3}{4}$	$\frac{32}{36}$	>	$\frac{27}{26}$
$\frac{5}{6}$	<	$\frac{7}{8}$	$\frac{20}{24}$	>	$\frac{21}{24}$

KOHL VERLAG Stationenlernen Bruchrechnen – Bestell-Nr. 12 002

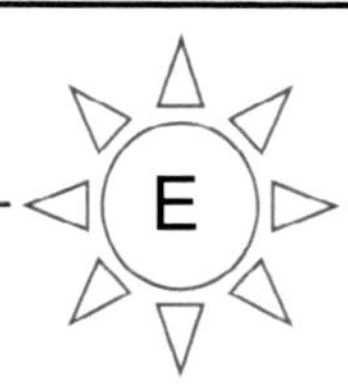

Station

Ordnen von Brüchen

Ordne die Brüche der Größe nach. Beginne mit dem kleinsten Bruch. Mache die Brüche zunächst gleichnamig.

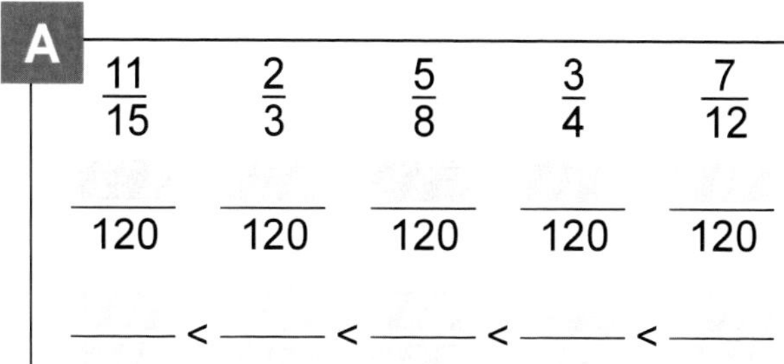

A

$\frac{11}{15}$ $\frac{2}{3}$ $\frac{5}{8}$ $\frac{3}{4}$ $\frac{7}{12}$

$\frac{\quad}{120}$ $\frac{\quad}{120}$ $\frac{\quad}{120}$ $\frac{\quad}{120}$ $\frac{\quad}{120}$

____ < ____ < ____ < ____ < ____

B

$\frac{7}{12}$ $\frac{5}{9}$ $\frac{5}{6}$ $\frac{8}{15}$ $\frac{11}{18}$

$\frac{\quad}{180}$ $\frac{\quad}{180}$ $\frac{\quad}{180}$ $\frac{\quad}{180}$ $\frac{\quad}{180}$

____ < ____ < ____ < ____ < ____

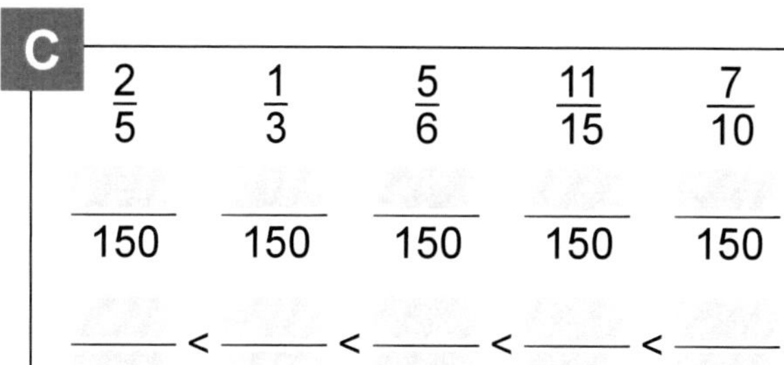

C

$\frac{2}{5}$ $\frac{1}{3}$ $\frac{5}{6}$ $\frac{11}{15}$ $\frac{7}{10}$

$\frac{\quad}{150}$ $\frac{\quad}{150}$ $\frac{\quad}{150}$ $\frac{\quad}{150}$ $\frac{\quad}{150}$

____ < ____ < ____ < ____ < ____

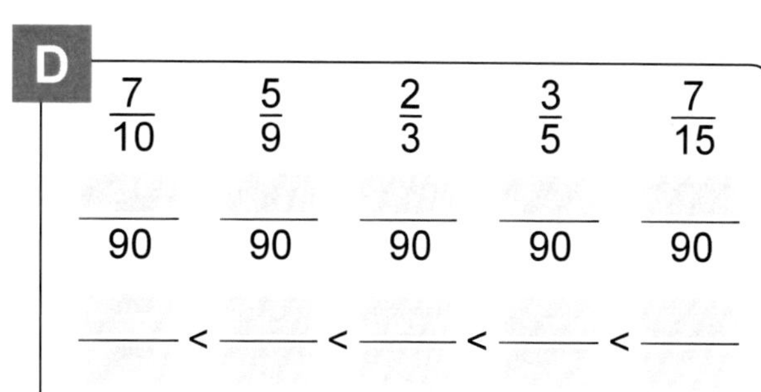

D

$\frac{7}{10}$ $\frac{5}{9}$ $\frac{2}{3}$ $\frac{3}{5}$ $\frac{7}{15}$

$\frac{\quad}{90}$ $\frac{\quad}{90}$ $\frac{\quad}{90}$ $\frac{\quad}{90}$ $\frac{\quad}{90}$

____ < ____ < ____ < ____ < ____

Station

Darstellung von Brüchen am Zahlenstrahl 1

Wie heißt der Bruch, der am Zahlenstrahl durch einen Pfeil markiert ist?

A

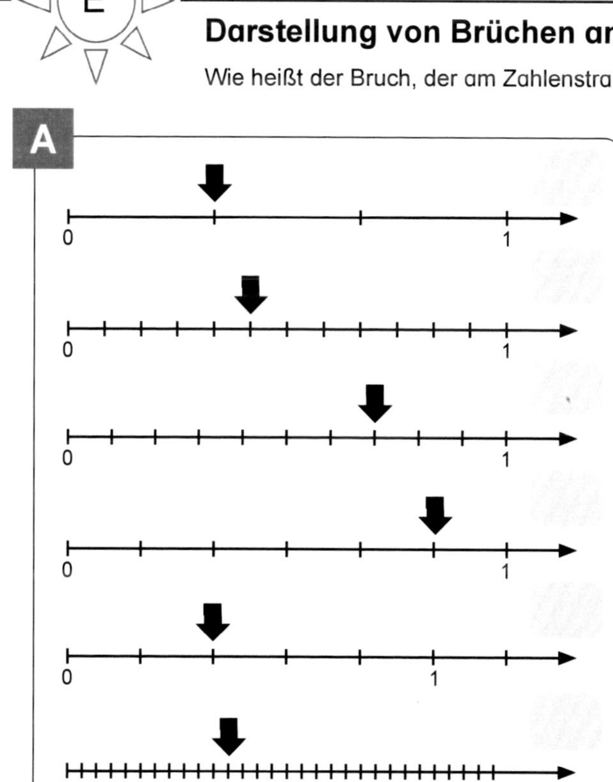

B

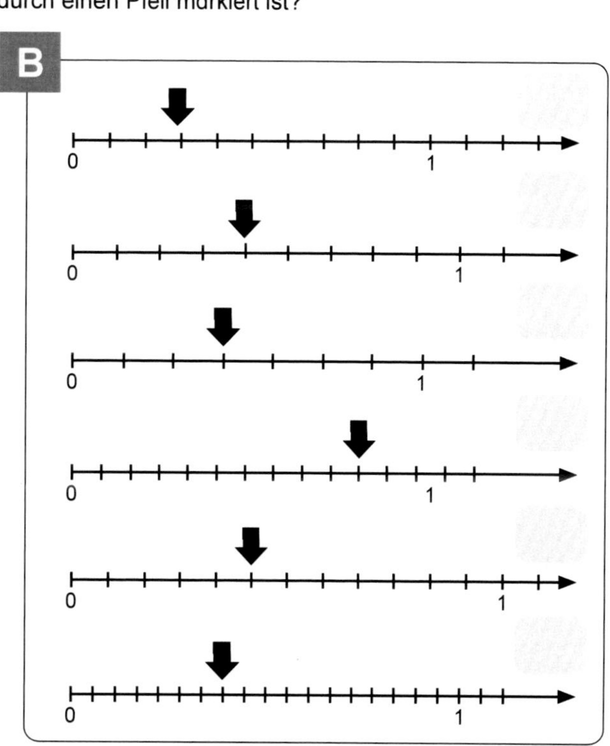

Station

Ordnen von Brüchen – Lösungen

Ordne die Brüche der Größe nach. Beginne mit dem kleinsten Bruch. Mache die Brüche zunächst gleichnamig.

A

$\frac{11}{15}$	$\frac{2}{3}$	$\frac{5}{8}$	$\frac{3}{4}$	$\frac{7}{12}$
$\frac{88}{120}$	$\frac{80}{120}$	$\frac{75}{120}$	$\frac{90}{120}$	$\frac{70}{120}$

$\frac{7}{12} < \frac{5}{8} < \frac{2}{3} < \frac{11}{15} < \frac{3}{4}$

B

$\frac{7}{12}$	$\frac{5}{9}$	$\frac{5}{6}$	$\frac{8}{15}$	$\frac{11}{18}$
$\frac{105}{180}$	$\frac{100}{180}$	$\frac{150}{180}$	$\frac{96}{180}$	$\frac{110}{180}$

$\frac{8}{15} < \frac{5}{9} < \frac{7}{12} < \frac{11}{18} < \frac{5}{6}$

C

$\frac{2}{5}$	$\frac{1}{3}$	$\frac{5}{6}$	$\frac{11}{15}$	$\frac{7}{10}$
$\frac{60}{150}$	$\frac{50}{150}$	$\frac{125}{150}$	$\frac{110}{150}$	$\frac{105}{150}$

$\frac{1}{3} < \frac{2}{5} < \frac{7}{10} < \frac{11}{15} < \frac{5}{6}$

D

$\frac{7}{10}$	$\frac{5}{9}$	$\frac{2}{3}$	$\frac{3}{5}$	$\frac{7}{15}$
$\frac{63}{90}$	$\frac{50}{90}$	$\frac{60}{90}$	$\frac{54}{90}$	$\frac{42}{90}$

$\frac{7}{15} < \frac{5}{9} < \frac{3}{5} < \frac{2}{3} < \frac{7}{10}$

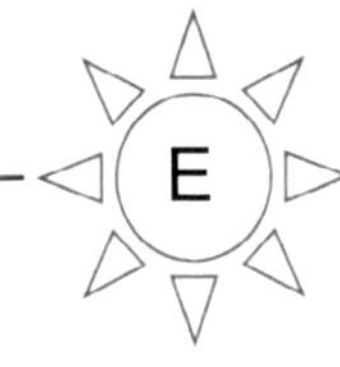

Station

Darstellung von Brüchen am Zahlenstrahl 1 – Lösungen

Wie heißt der Bruch, der am Zahlenstrahl durch einen Pfeil markiert ist?

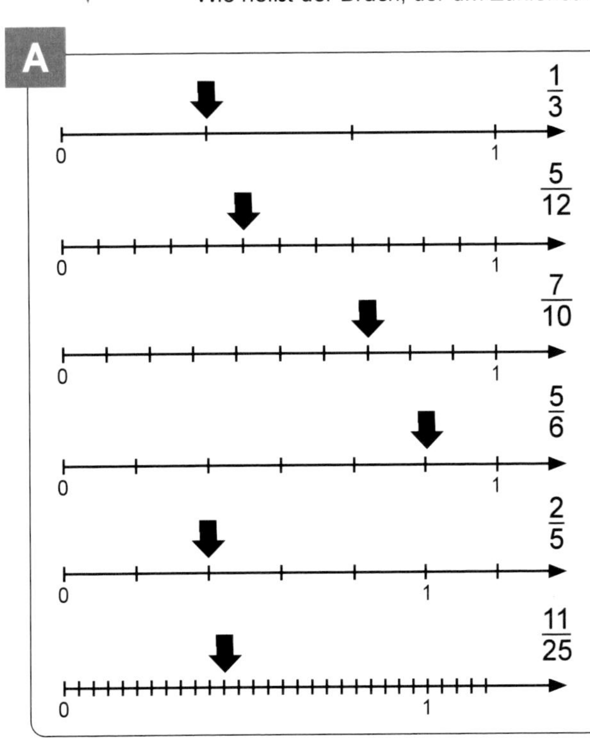

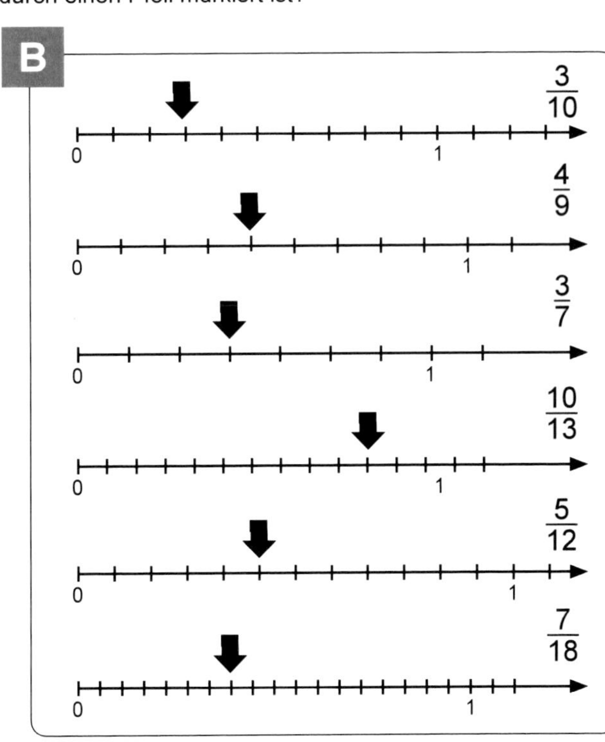

KOHL VERLAG Stationenlernen Bruchrechnen – Bestell-Nr. 12 002

Station E

Darstellung von Brüchen am Zahlenstrahl 2

Kennzeichne den angegebenen Bruch am Zahlenstrahl durch einen Pfeil.

A

$\frac{3}{4}$ — 0 … 1

$\frac{2}{3}$ — 0 … 1

$\frac{1}{2}$ — 0 … 1

$\frac{1}{6}$ — 0 … 1

$\frac{1}{4}$ — 0 … 1

$\frac{2}{5}$ — 0 … 1

B

$\frac{3}{10}$ — 0 … 1

$\frac{17}{20}$ — 0 … 1

$\frac{1}{9}$ — 0 … 1

$\frac{1}{2}$ — 0 … 1

$\frac{5}{36}$ — 0 … 1

$\frac{7}{12}$ — 0 … 1

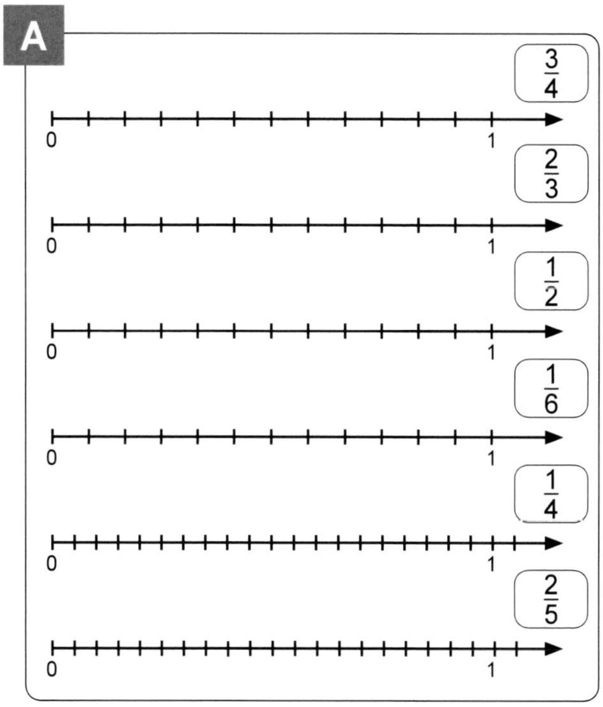

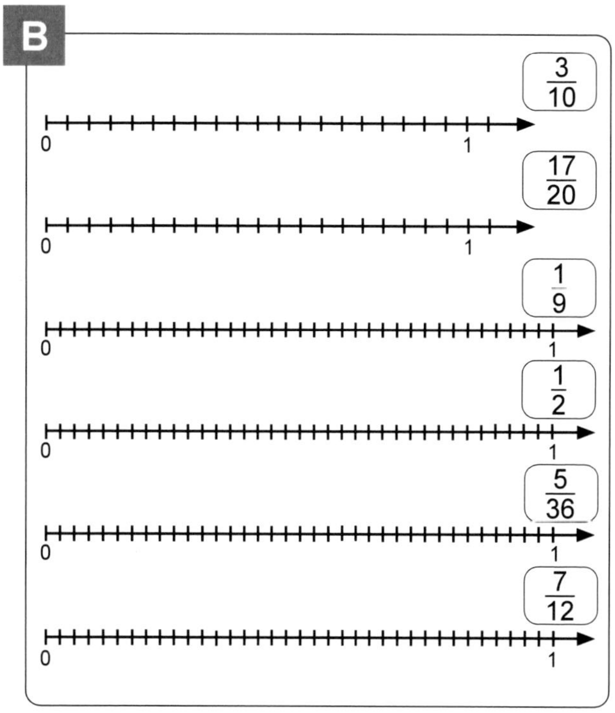

Station P

Darstellung von Brüchen am Zahlenstrahl 3

Wie heißt die Zahl in gemischter Schreibweise, die am Zahlenstrahl durch einen Pfeil markiert ist?

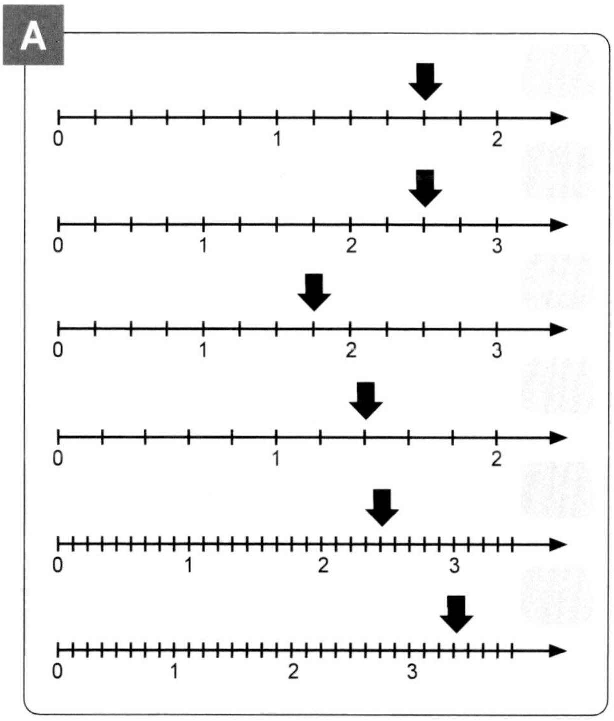

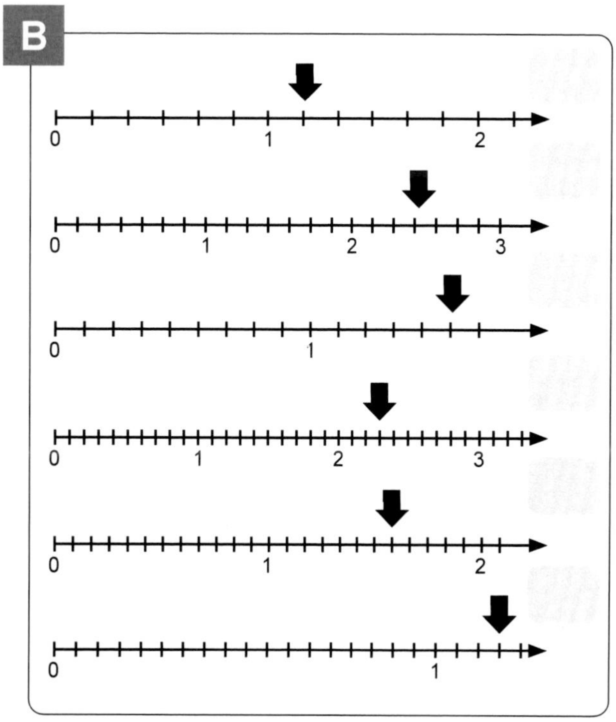

A

0 1 2

0 1 2 3

0 1 2 3

0 1 2

0 1 2 3

0 1 2 3

B

0 1 2

0 1 2 3

0 1

0 1 2 3

0 1 2

0 1

E

Station

Darstellung von Brüchen am Zahlenstrahl 2 – Lösungen

!

Kennzeichne den angegebenen Bruch am Zahlenstrahl durch einen Pfeil.

A

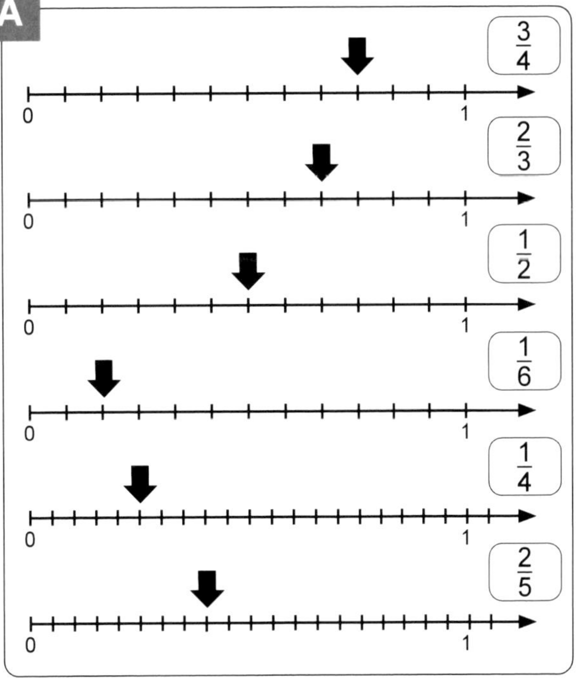

$\frac{3}{4}$ 0 1

$\frac{2}{3}$ 0 1

$\frac{1}{2}$ 0 1

$\frac{1}{6}$ 0 1

$\frac{1}{4}$ 0 1

$\frac{2}{5}$ 0 1

B

$\frac{3}{10}$ 0 1

$\frac{17}{20}$ 0 1

$\frac{1}{9}$ 0 1

$\frac{1}{2}$ 0 1

$\frac{5}{36}$ 0 1

$\frac{7}{12}$ 0 1

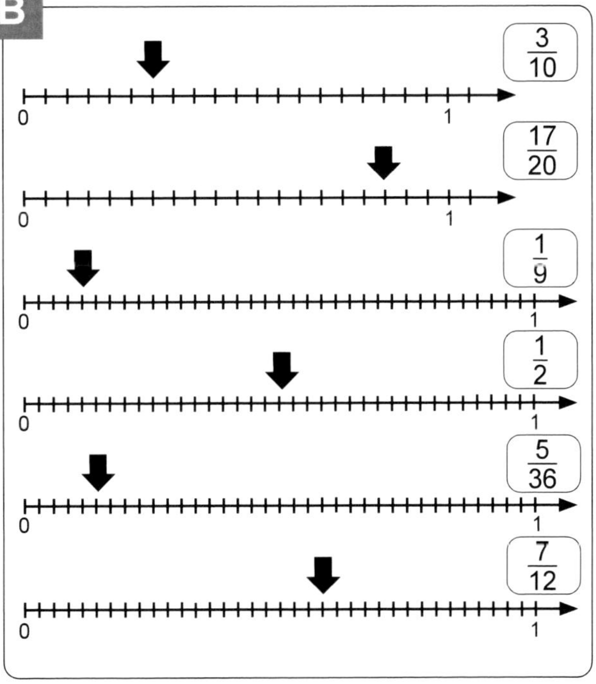

P

Station

Darstellung von Brüchen am Zahlenstrahl 3 – Lösungen

★

Wie heißt die Zahl in gemischter Schreibweise, die am Zahlenstrahl durch einen Pfeil markiert ist?

A

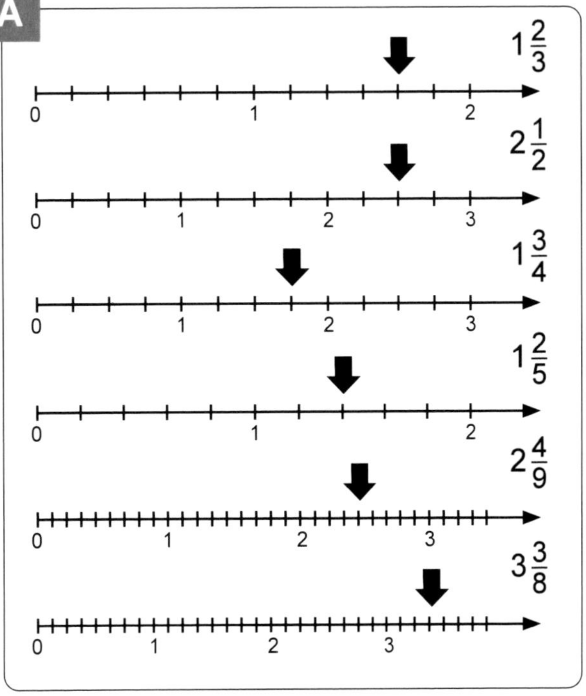

$1\frac{2}{3}$ 0 1 2

$2\frac{1}{2}$ 0 1 2 3

$1\frac{3}{4}$ 0 1 2 3

$1\frac{2}{5}$ 0 1 2

$2\frac{4}{9}$ 0 1 2 3

$3\frac{3}{8}$ 0 1 2 3

B

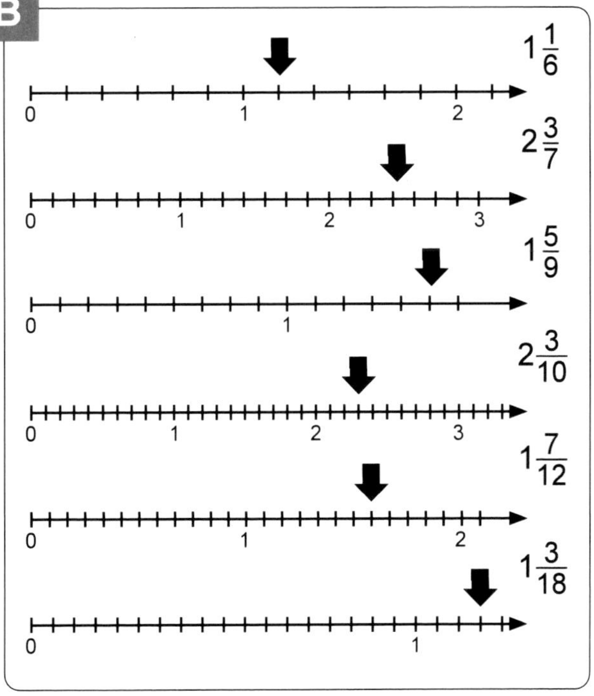

$1\frac{1}{6}$ 0 1 2

$2\frac{3}{7}$ 0 1 2 3

$1\frac{5}{9}$ 0 1

$2\frac{3}{10}$ 0 1 2 3

$1\frac{7}{12}$ 0 1 2

$1\frac{3}{18}$ 0 1

E

Station

Addition und Subtraktion gleichnamiger Brüche 1

Wie lautet die Aufgabe zu der Zeichnung? Ermittle das Ergebnis und färbe entsprechend ein.

A + = + =

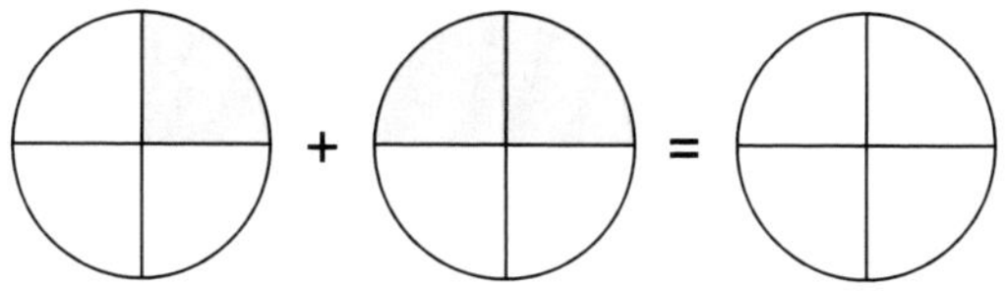

B − = − = oder

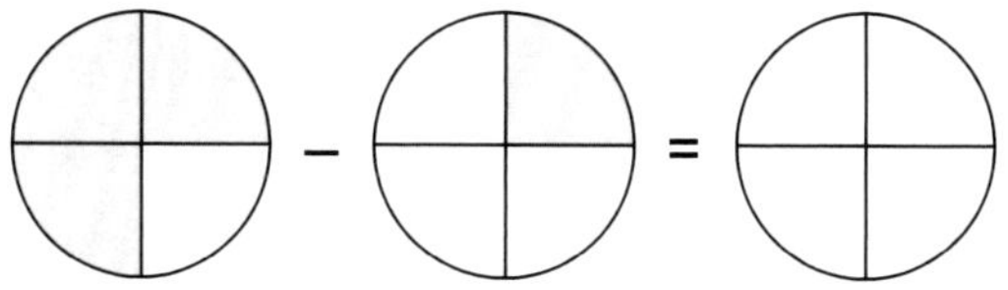

C + = + =

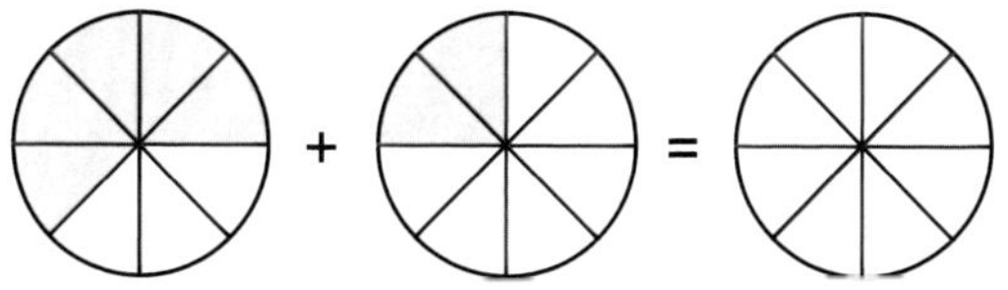

D − = − = oder

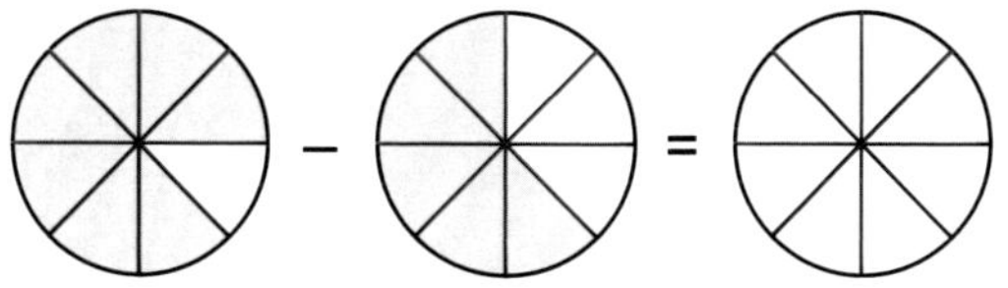

Stationenlernen Bruchrechnen – Bestell-Nr. 12 002

KOHL VERLAG

P

Station

Addition und Subtraktion gleichnamiger Brüche 2

Wie lautet die Aufgabe zu der Zeichnung? Ermittelt das Ergebnis und färbt entsprechend ein.

A + = + = oder

B − = − =

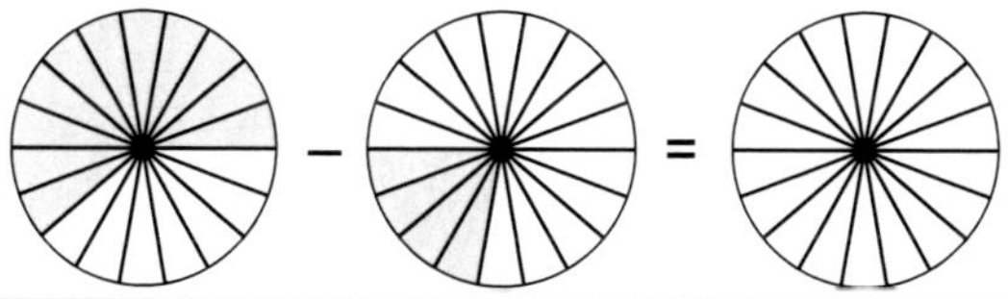

C + = + =

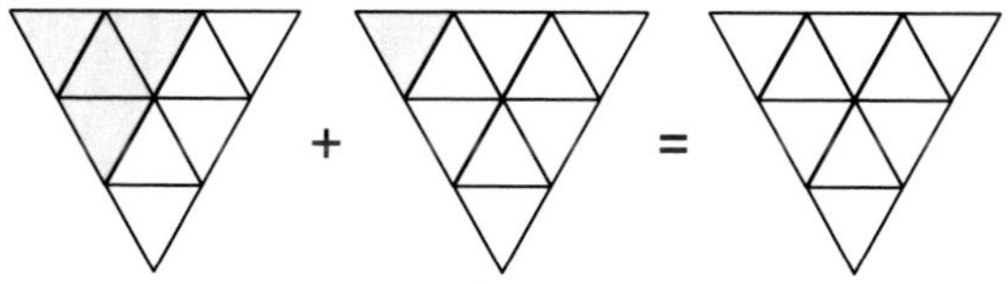

D − = − =

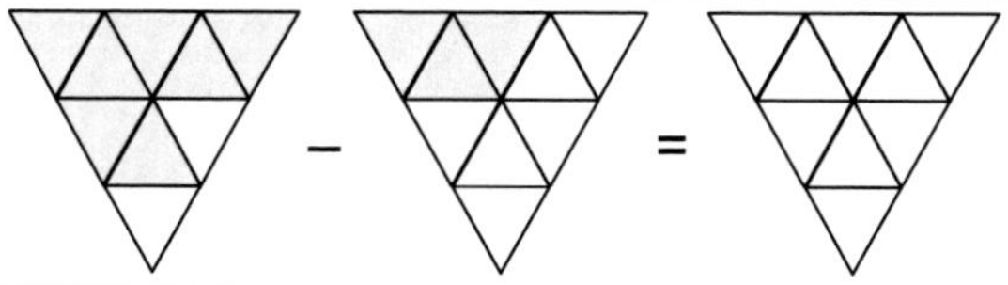

Stationenlernen Bruchrechnen – Bestell-Nr. 12 002

KOHL VERLAG

Station

Addition und Subtraktion gleichnamiger Brüche 1 – Lösungen

Wie lautet die Aufgabe zu der Zeichnung? Ermittle das Ergebnis und färbe entsprechend ein.

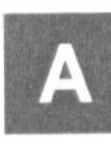

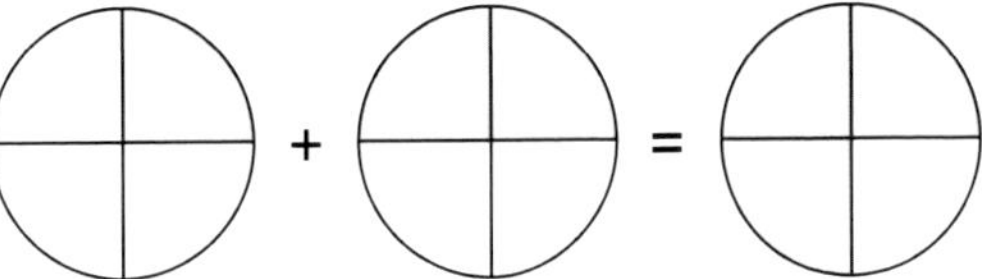

$\frac{1}{4} + \frac{2}{4} = \frac{3}{4}$

B

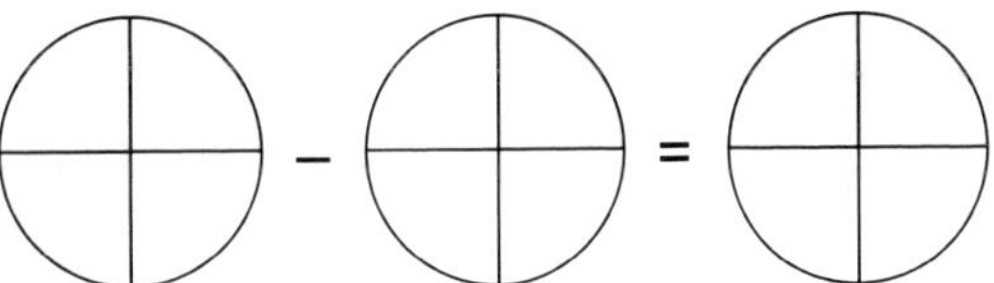

$\frac{3}{4} - \frac{1}{4} = \frac{2}{4}$ oder $\frac{1}{2}$

C

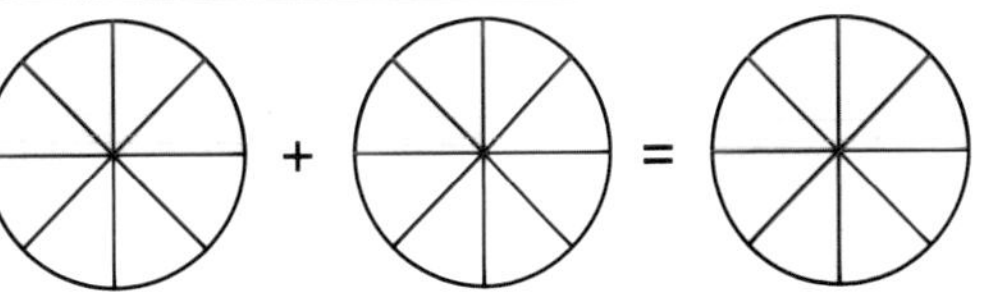

$\frac{5}{8} + \frac{2}{8} = \frac{7}{8}$

D

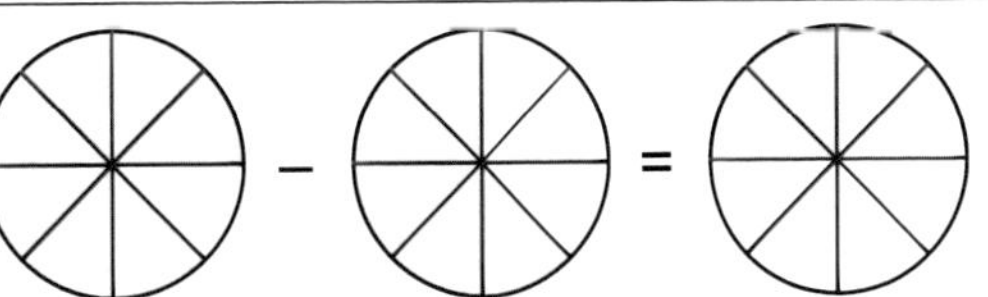

$\frac{7}{8} - \frac{5}{8} = \frac{2}{8}$ oder $\frac{1}{4}$

Station

Addition und Subtraktion gleichnamiger Brüche 2 – Lösungen

Wie lautet die Aufgabe zu der Zeichnung? Ermittelt das Ergebnis und färbt entsprechend ein.

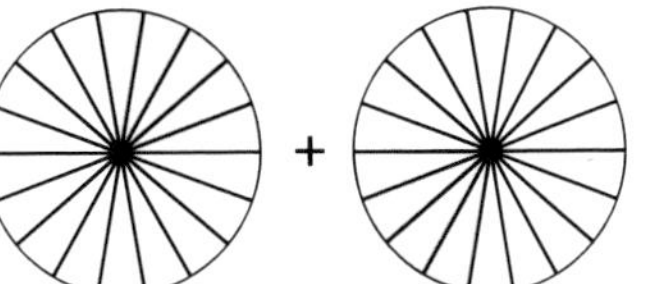

$\frac{5}{18} + \frac{4}{18} = \frac{9}{18}$ oder $\frac{1}{2}$

B

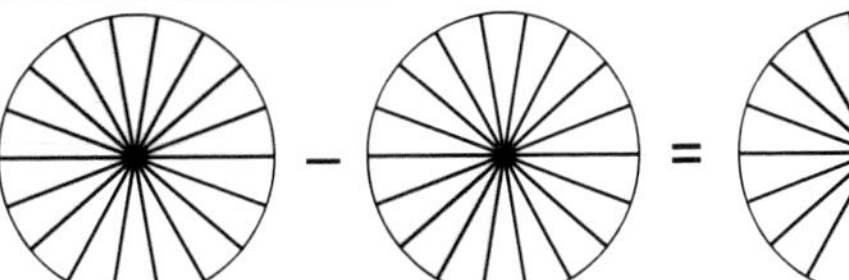

$\frac{11}{18} - \frac{4}{18} = \frac{7}{18}$

C

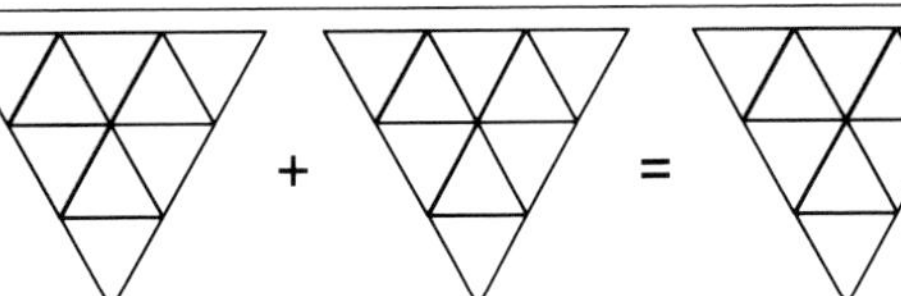

$\frac{4}{9} + \frac{1}{9} = \frac{5}{9}$

D

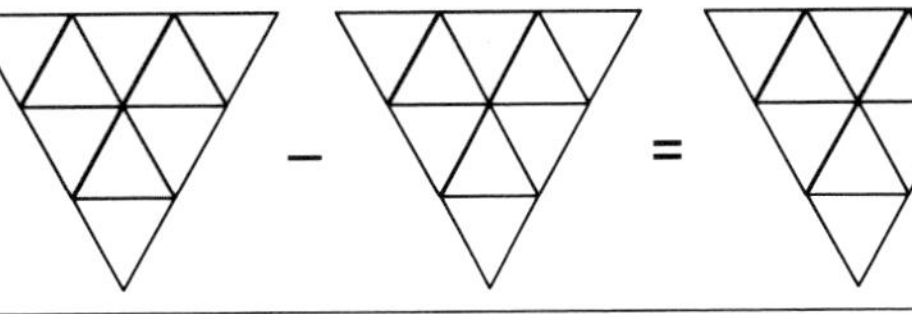

$\frac{7}{9} - \frac{3}{9} = \frac{4}{9}$

KOHL VERLAG Stationenlernen Bruchrechnen – Bestell-Nr. 12 002

Station

!

Addition und Subtraktion gleichnamiger Brüche 3

Wie lautet die Aufgabe zu der Zeichnung? Ermittelt das Ergebnis und färbt entsprechend ein.

A + = + = oder

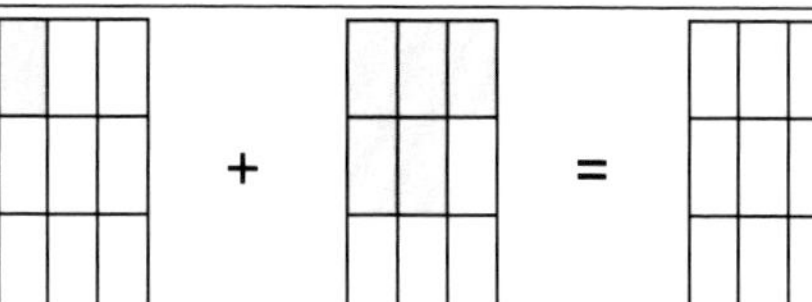

B – = – =

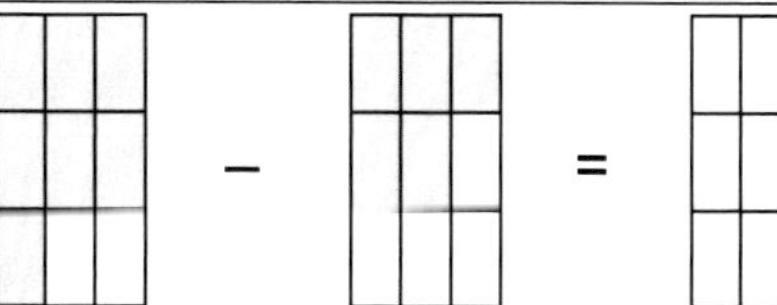

C + = + =

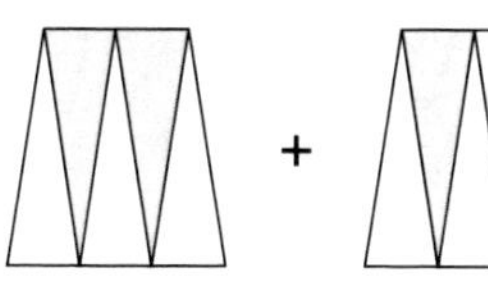

D – = – = oder

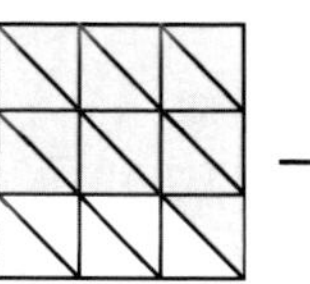
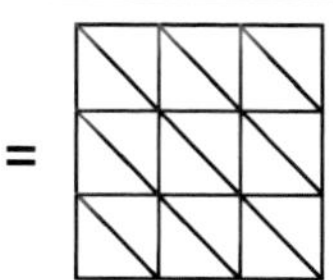

Station

!

Addition und Subtraktion gleichnamiger Brüche 4

A Addiert bzw. subtrahiert.

$\frac{2}{7} + \frac{4}{7} =$ | $\frac{5}{8} + \frac{2}{8} =$ | $\frac{5}{12} + \frac{2}{12} =$ | $\frac{3}{10} + \frac{4}{10} =$

$\frac{4}{5} - \frac{1}{5} =$ | $\frac{7}{11} - \frac{3}{11} =$ | $\frac{13}{15} - \frac{6}{15} =$ | $\frac{7}{13} - \frac{3}{13} =$

B Addiert die beiden Brüche und notiert das Ergebnis in gemischter Schreibweise. Kürzt, wenn möglich.

$\frac{15}{8} + \frac{7}{8} = \quad = \quad =$ | $\frac{11}{4} + \frac{3}{4} = \quad = \quad =$

$\frac{6}{7} + \frac{3}{7} = \quad =$ | $\frac{4}{5} + \frac{3}{5} = \quad =$ | $\frac{5}{9} + \frac{8}{9} = \quad =$

C Addiert die drei Brüche und notiert das Ergebnis in gemischter Schreibweise. Kürzt, wenn möglich.

$\frac{3}{5} + \frac{4}{5} + \frac{9}{5} = \quad =$ | $\frac{3}{10} + \frac{9}{10} + \frac{4}{10} = \quad = \quad =$

$\frac{5}{8} + \frac{7}{8} + \frac{3}{8} = \quad =$ | $\frac{5}{9} + \frac{2}{9} + \frac{8}{9} = \quad = \quad =$

Station

Addition und Subtraktion gleichnamiger Brüche 3 – Lösungen

Wie lautet die Aufgabe zu der Zeichnung? Ermittelt das Ergebnis und färbt entsprechend ein.

A

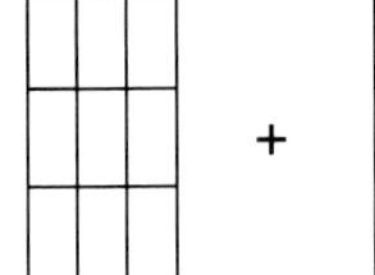

$\frac{1}{9} + \frac{5}{9} = \frac{6}{9}$ oder $\frac{2}{3}$

B

$\frac{7}{9} - \frac{5}{9} = \frac{2}{9}$

C

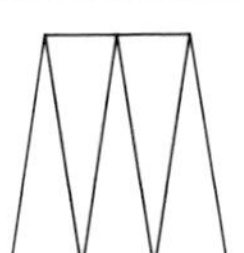 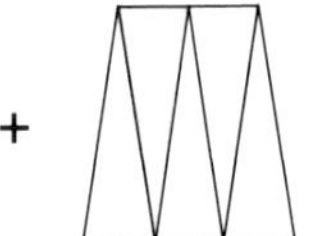 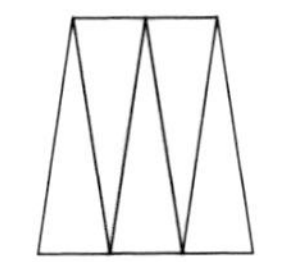

$\frac{2}{5} + \frac{1}{5} = \frac{3}{5}$

D

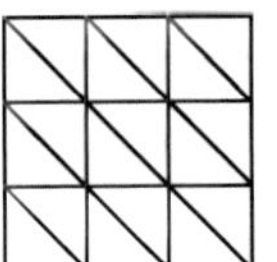 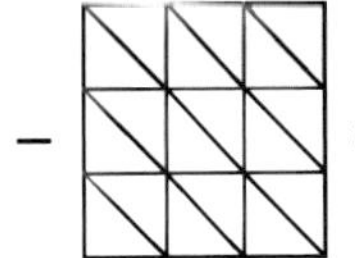

$\frac{13}{18} - \frac{7}{18} = \frac{6}{18}$ oder $\frac{1}{3}$

Station

Addition und Subtraktion gleichnamiger Brüche 4 – Lösungen

A Addiert bzw. subtrahiert.

$\frac{2}{7} + \frac{4}{7} = \frac{6}{7}$ | $\frac{5}{8} + \frac{2}{8} = \frac{7}{8}$ | $\frac{5}{12} + \frac{2}{12} = \frac{7}{12}$ | $\frac{3}{10} + \frac{4}{10} = \frac{7}{10}$

$\frac{4}{5} - \frac{1}{5} = \frac{3}{5}$ | $\frac{7}{11} - \frac{3}{11} = \frac{4}{11}$ | $\frac{13}{15} - \frac{6}{15} = \frac{7}{15}$ | $\frac{7}{13} - \frac{3}{13} = \frac{4}{13}$

B Addiert die beiden Brüche und notiert das Ergebnis in gemischter Schreibweise. Kürzt, wenn möglich.

$\frac{15}{8} + \frac{7}{8} = \frac{22}{8} = \frac{11}{4} = 2\frac{3}{4}$ | $\frac{11}{4} + \frac{3}{4} = \frac{14}{4} = \frac{7}{2} = 3\frac{1}{2}$

$\frac{6}{7} + \frac{3}{7} = \frac{9}{7} = 1\frac{2}{7}$ | $\frac{4}{5} + \frac{3}{5} = \frac{7}{5} = 1\frac{2}{5}$ | $\frac{5}{9} + \frac{8}{9} = \frac{13}{9} = 1\frac{4}{9}$

C Addiert die drei Brüche und notiert das Ergebnis in gemischter Schreibweise. Kürzt, wenn möglich.

$\frac{3}{5} + \frac{4}{5} + \frac{9}{5} = \frac{16}{5} = 3\frac{1}{5}$ | $\frac{3}{10} + \frac{9}{10} + \frac{4}{10} = \frac{16}{10} = \frac{8}{5} = 1\frac{3}{5}$

$\frac{5}{8} + \frac{7}{8} + \frac{3}{8} = \frac{15}{8} = 1\frac{7}{8}$ | $\frac{5}{9} + \frac{2}{9} + \frac{8}{9} = \frac{15}{9} = \frac{5}{3} = 1\frac{2}{3}$

KOHL VERLAG Stationenlernen Bruchrechnen – Bestell-Nr. 12 002

Station

Addition und Subtraktion gemischter Zahlen 1

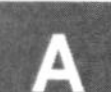

Addiert bzw. subtrahiert. Kürzt das Ergebnis.

$3\frac{1}{10} + 1\frac{3}{10} = \quad = $ | $4\frac{1}{9} + 2\frac{2}{9} = \quad = $

$5\frac{9}{10} - 2\frac{7}{10} = \quad = $ | $4\frac{7}{9} - 2\frac{1}{9} = \quad = $

Addiert. Kürzt das Ergebnis.

$5\frac{7}{10} + 3\frac{9}{10} = \quad = \quad = $ | $3\frac{7}{8} + 5\frac{3}{8} = \quad = \quad = $

$1\frac{7}{18} + 4\frac{13}{18} = \quad = \quad = $ | $2\frac{7}{9} + 4\frac{5}{9} = \quad = \quad = $

C

Rechnet wie im Beispiel dargestellt.

$5\frac{7}{10} - 3\frac{9}{10} = 4\frac{17}{10} - 3\frac{9}{10} = 1\frac{8}{10} = 1\frac{4}{5}$ | $6\frac{5}{12} - 3\frac{7}{12} = \quad - \quad = \quad = $

$8\frac{8}{15} - 4\frac{11}{15} = \quad - \quad = \quad = $ | $3\frac{3}{16} - 1\frac{11}{16} = \quad - \quad = \quad = $

Stationenlernen Bruchrechnen – Bestell-Nr. 12 002
KOHL VERLAG

Station

Addition und Subtraktion gemischter Zahlen 2

Addiert bzw. subtrahiert. Kürzt das Ergebnis.

$2\frac{3}{8} + 5\frac{1}{8} = \quad = $ | $1\frac{1}{12} + 7\frac{7}{12} = \quad = $

$8\frac{11}{12} - 7\frac{5}{12} = \quad = $ | $9\frac{7}{8} - 5\frac{5}{8} = \quad = $

Addiert. Kürzt das Ergebnis.

$5\frac{7}{25} + 3\frac{23}{25} = \quad = \quad = $ | $5\frac{3}{4} + 1\frac{3}{4} = \quad = \quad = $

$4\frac{17}{18} + 2\frac{11}{18} = \quad = \quad = $ | $1\frac{9}{16} + \frac{13}{16} = \quad = \quad = $

Rechnet wie im Beispiel dargestellt.

$5\frac{7}{10} - 3\frac{9}{10} = 4\frac{17}{10} - 3\frac{9}{10} = 1\frac{8}{10} = 1\frac{4}{5}$ | $5\frac{5}{14} - 2\frac{9}{14} = \quad - \quad = \quad = $

$9\frac{11}{24} - 2\frac{17}{24} = \quad - \quad = \quad = $ | $8\frac{3}{20} - 4\frac{11}{20} = \quad - \quad = \quad = $

Stationenlernen Bruchrechnen – Bestell-Nr. 12 002
KOHL VERLAG

Station

Addition und Subtraktion gemischter Zahlen 1 – Lösungen

A Addiert bzw. subtrahiert. Kürzt das Ergebnis.

$3\frac{1}{10} + 1\frac{3}{10} = 4\frac{4}{10} = 4\frac{2}{5}$

$5\frac{9}{10} - 2\frac{7}{10} = 3\frac{2}{10} = 3\frac{1}{5}$

$4\frac{1}{9} + 2\frac{2}{9} = 6\frac{3}{9} = 6\frac{1}{3}$

$4\frac{7}{9} - 2\frac{1}{9} = 2\frac{6}{9} = 2\frac{2}{3}$

B Addiert. Kürzt das Ergebnis.

$5\frac{7}{10} + 3\frac{9}{10} = 8\frac{16}{10} = 9\frac{6}{10} = 9\frac{3}{5}$

$1\frac{7}{18} + 4\frac{13}{18} = 5\frac{20}{18} = 6\frac{2}{18} = 6\frac{1}{9}$

$3\frac{7}{8} + 5\frac{3}{8} = 8\frac{10}{8} = 9\frac{2}{8} = 9\frac{1}{4}$

$2\frac{7}{9} + 4\frac{5}{9} = 6\frac{12}{9} = 7\frac{3}{9} = 7\frac{1}{3}$

C Rechnet wie im Beispiel dargestellt.

$5\frac{7}{10} - 3\frac{9}{10} = 4\frac{17}{10} - 3\frac{9}{10} = 1\frac{8}{10} = 1\frac{4}{5}$

$8\frac{8}{15} - 4\frac{11}{15} = 7\frac{23}{15} - 4\frac{11}{15} = 3\frac{12}{15} = 3\frac{4}{5}$

$6\frac{5}{12} - 3\frac{7}{12} = 5\frac{17}{12} - 3\frac{7}{12} = 2\frac{10}{12} = 2\frac{5}{6}$

$3\frac{3}{16} - 1\frac{11}{16} = 2\frac{19}{16} - 1\frac{11}{16} = 1\frac{8}{16} = 1\frac{1}{2}$

Station

Addition und Subtraktion gemischter Zahlen 2 – Lösungen

A Addiert bzw. subtrahiert. Kürzt das Ergebnis.

$2\frac{3}{8} + 5\frac{1}{8} = 7\frac{4}{8} = 7\frac{1}{2}$

$8\frac{11}{12} - 7\frac{5}{12} = 1\frac{6}{12} = 1\frac{1}{2}$

$1\frac{1}{12} + 7\frac{7}{12} = 8\frac{8}{12} = 8\frac{2}{3}$

$9\frac{7}{8} - 5\frac{5}{8} = 4\frac{2}{8} = 4\frac{1}{4}$

B Addiert. Kürzt das Ergebnis.

$5\frac{7}{25} + 3\frac{23}{25} = 8\frac{30}{25} = 9\frac{5}{25} = 9\frac{1}{5}$

$4\frac{17}{18} + 2\frac{11}{18} = 6\frac{28}{18} = 7\frac{10}{18} = 7\frac{5}{9}$

$5\frac{3}{4} + 1\frac{3}{4} = 6\frac{6}{4} = 7\frac{2}{4} = 7\frac{1}{2}$

$1\frac{9}{16} + \frac{13}{16} = 1\frac{22}{16} = 2\frac{6}{16} = 2\frac{3}{8}$

C Rechnet wie im Beispiel dargestellt.

$5\frac{7}{10} - 3\frac{9}{10} = 4\frac{17}{10} - 3\frac{9}{10} = 1\frac{8}{10} = 1\frac{4}{5}$

$9\frac{11}{24} - 2\frac{17}{24} = 8\frac{35}{24} - 2\frac{17}{24} = 6\frac{18}{24} = 6\frac{3}{4}$

$5\frac{5}{14} - 2\frac{9}{14} = 4\frac{19}{14} - 2\frac{9}{14} = 2\frac{10}{14} = 2\frac{5}{7}$

$8\frac{3}{20} - 4\frac{11}{20} = 7\frac{23}{20} - 4\frac{11}{20} = 3\frac{12}{20} = 3\frac{3}{5}$

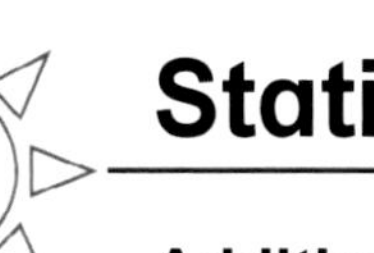

Station

Addition und Subtraktion ungleichnamiger Brüche 1

A Addiert. Macht die Brüche jeweils gleichnamig.

$\frac{1}{2} + \frac{5}{8} = \quad + \quad = \quad =$ | $\frac{2}{3} + \frac{3}{4} = \quad + \quad = \quad =$

$\frac{5}{7} + \frac{1}{3} = \quad + \quad = \quad =$ | $\frac{2}{3} + \frac{3}{5} = \quad + \quad = \quad =$

B Subtrahiert. Macht die Brüche jeweils gleichnamig.

$\frac{7}{8} - \frac{1}{2} = \quad - \quad =$ | $\frac{5}{8} - \frac{1}{3} = \quad - \quad =$

$\frac{2}{3} - \frac{3}{5} = \quad - \quad =$ | $\frac{3}{4} - \frac{1}{6} = \quad - \quad =$

C Addiert die gemischten Zahlen. Macht die Brüche vorher gleichnamig.

$3\frac{1}{2} + 2\frac{3}{4} + 6\frac{1}{3} = \quad + \quad + \quad = \quad =$

$1\frac{2}{9} + 2\frac{5}{6} + 3\frac{3}{4} = \quad + \quad + \quad = \quad =$

Station

Addition und Subtraktion ungleichnamiger Brüche 2

A Subtrahiert. Macht die Brüche vorher gleichnamig und kürzt das Ergebnis, wenn möglich.

$9\frac{11}{12} - 1\frac{1}{4} - 2\frac{1}{6} = \quad - \quad - \quad = \quad =$

$8\frac{9}{10} - 2\frac{1}{5} - 4\frac{1}{3} = \quad - \quad - \quad =$

B Füllt die Tabellen aus.

1. Summand	$4\frac{1}{3}$	$3\frac{1}{2}$	$4\frac{4}{9}$	$19\frac{1}{5}$
2. Summand	$6\frac{3}{5}$	$2\frac{1}{7}$	$11\frac{1}{6}$	$8\frac{1}{8}$
Summe				

1. Summand	$4\frac{1}{2}$	$1\frac{4}{15}$	$9\frac{1}{12}$	$1\frac{1}{4}$
2. Summand	$2\frac{1}{3}$	$6\frac{1}{3}$	$13\frac{1}{6}$	$7\frac{5}{16}$
Summe				

C Füllt die Tabellen aus.

Minuend	$9\frac{1}{2}$	$11\frac{4}{5}$	$15\frac{7}{9}$	$12\frac{2}{5}$
Subtrahend	$6\frac{2}{5}$	$2\frac{5}{8}$	$7\frac{5}{8}$	$8\frac{2}{15}$
Differenz				

Minuend	$5\frac{2}{3}$	$4\frac{9}{10}$	$5\frac{5}{7}$	$10\frac{3}{5}$
Subtrahend	$2\frac{1}{3}$	$1\frac{7}{15}$	$3\frac{11}{14}$	$7\frac{3}{8}$
Differenz				

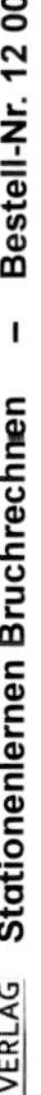

KOHL VERLAG Stationenlernen Bruchrechnen – Bestell-Nr. 12 002

Station

!

Addition und Subtraktion ungleichnamiger Brüche 1 – Lösungen

A Addiert. Macht die Brüche jeweils gleichnamig.

$\frac{1}{2} + \frac{5}{8} = \frac{4}{8} + \frac{5}{8} = \frac{9}{8} = 1\frac{1}{8}$

$\frac{2}{3} + \frac{3}{4} = \frac{8}{12} + \frac{9}{12} = \frac{17}{12} = 1\frac{5}{12}$

$\frac{5}{7} + \frac{1}{3} = \frac{15}{21} + \frac{7}{21} = \frac{22}{21} = 1\frac{1}{21}$

$\frac{2}{3} + \frac{3}{5} = \frac{10}{15} + \frac{9}{15} = \frac{19}{15} = 1\frac{4}{15}$

B Subtrahiert. Macht die Brüche jeweils gleichnamig.

$\frac{7}{8} - \frac{1}{2} = \frac{7}{8} - \frac{4}{8} = \frac{3}{8}$

$\frac{5}{8} - \frac{1}{3} = \frac{15}{24} - \frac{8}{24} = \frac{7}{24}$

$\frac{2}{3} - \frac{3}{5} = \frac{10}{15} - \frac{9}{15} = \frac{1}{15}$

$\frac{3}{4} - \frac{1}{6} = \frac{9}{12} - \frac{2}{12} = \frac{7}{12}$

C Addiert die gemischten Zahlen. Macht die Brüche vorher gleichnamig.

$3\frac{1}{2} + 2\frac{3}{4} + 6\frac{1}{3} = 3\frac{6}{12} + 2\frac{9}{12} + 6\frac{4}{12} = 11\frac{19}{12} = 12\frac{7}{12}$

$1\frac{2}{9} + 2\frac{5}{6} + 3\frac{3}{4} = 1\frac{8}{36} + 2\frac{30}{36} + 3\frac{27}{36} = 6\frac{65}{36} = 7\frac{29}{36}$

Station

Addition und Subtraktion ungleichnamiger Brüche 2 – Lösungen

A Subtrahiert. Macht die Brüche vorher gleichnamig und kürzt das Ergebnis, wenn möglich.

$9\frac{11}{12} - 1\frac{1}{4} - 2\frac{1}{6} = 9\frac{11}{12} - 1\frac{3}{12} - 2\frac{2}{12} = 6\frac{6}{12} = 6\frac{1}{2}$

$8\frac{9}{10} - 2\frac{1}{5} - 4\frac{1}{3} = 8\frac{27}{30} - 2\frac{6}{30} - 4\frac{10}{30} = 2\frac{11}{30}$

B Füllt die Tabellen aus.

1. Summand	$4\frac{1}{3}$	$3\frac{1}{2}$	$4\frac{4}{9}$	$19\frac{1}{5}$
2. Summand	$6\frac{3}{5}$	$2\frac{1}{7}$	$11\frac{1}{6}$	$8\frac{1}{8}$
Summe	$10\frac{14}{15}$	$5\frac{9}{14}$	$15\frac{11}{18}$	$27\frac{13}{40}$

1. Summand	$4\frac{1}{2}$	$1\frac{4}{15}$	$9\frac{1}{12}$	$1\frac{1}{4}$
2. Summand	$2\frac{1}{3}$	$6\frac{1}{3}$	$13\frac{1}{6}$	$7\frac{5}{16}$
Summe	$6\frac{5}{6}$	$7\frac{3}{5}$	$22\frac{1}{4}$	$8\frac{9}{16}$

C Füllt die Tabellen aus.

Minuend	$9\frac{1}{2}$	$11\frac{4}{5}$	$15\frac{7}{9}$	$12\frac{2}{5}$
Subtrahend	$6\frac{2}{5}$	$2\frac{5}{8}$	$7\frac{5}{8}$	$8\frac{2}{15}$
Differenz	$3\frac{1}{10}$	$9\frac{7}{40}$	$8\frac{11}{72}$	$4\frac{4}{15}$

Minuend	$5\frac{2}{3}$	$4\frac{9}{10}$	$5\frac{5}{7}$	$10\frac{3}{5}$
Subtrahend	$2\frac{1}{3}$	$1\frac{7}{15}$	$3\frac{11}{14}$	$7\frac{3}{8}$
Differenz	$3\frac{1}{3}$	$3\frac{13}{30}$	$1\frac{13}{14}$	$3\frac{9}{40}$

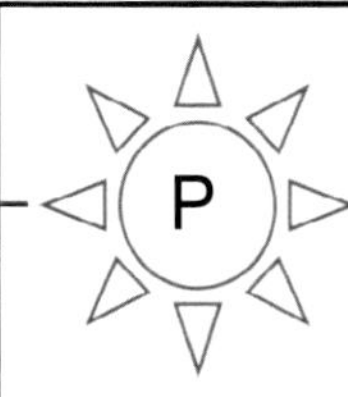

Station

Zur Auflockerung 1

A Füllt die Zahlenpyramide aus. Je zwei benachbarte Kästchen werden addiert. Das Ergebnis kommt in das Kästchen darüber.

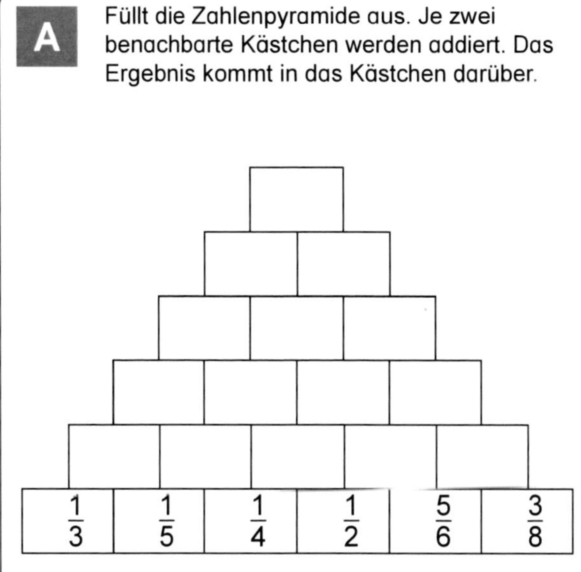

B Füllt die Zahlenpyramide aus. Die Zahlen in je zwei benachbarten Kästchen werden subtrahiert. Das Ergebnis kommt in das Kästchen darunter.

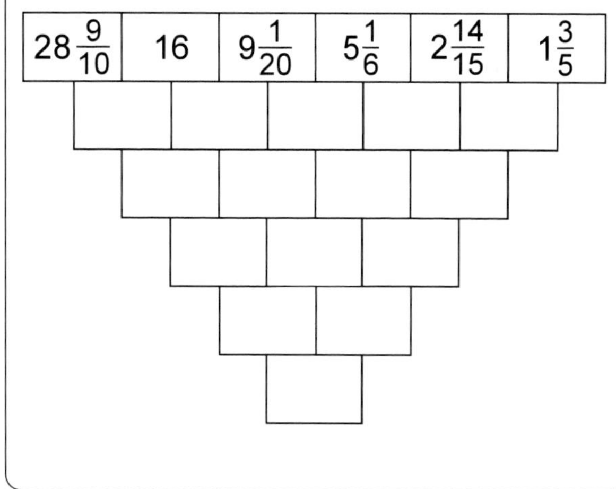

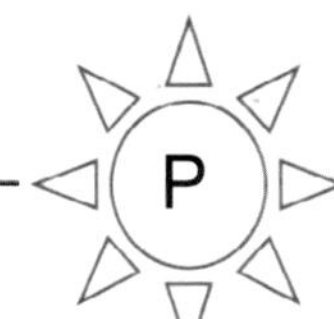

Station

Zur Auflockerung 2

A Wie heißt die letzte Zahl auf Speedys Schneckenhaus?

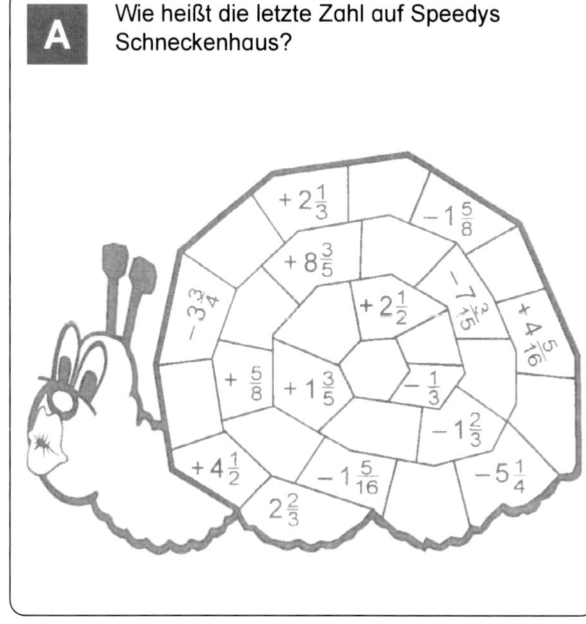

B Wie heißt die letzte Zahl auf Speedys Schneckenhaus?

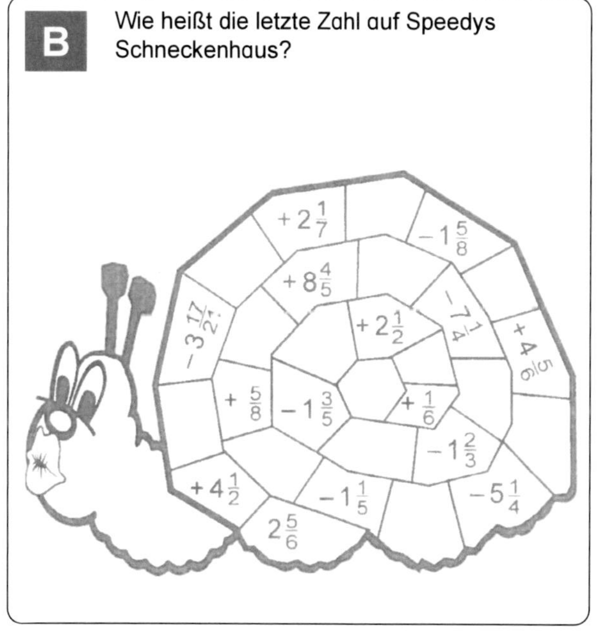

Stationenlernen Bruchrechnen – Bestell-Nr. 12 002

Stationenlernen Bruchrechnen – Bestell-Nr. 12 002

Station

Zur Auflockerung 1 – Lösungen

A Füllt die Zahlenpyramide aus. Je zwei benachbarte Kästchen werden addiert. Das Ergebnis kommt in das Kästchen darüber.

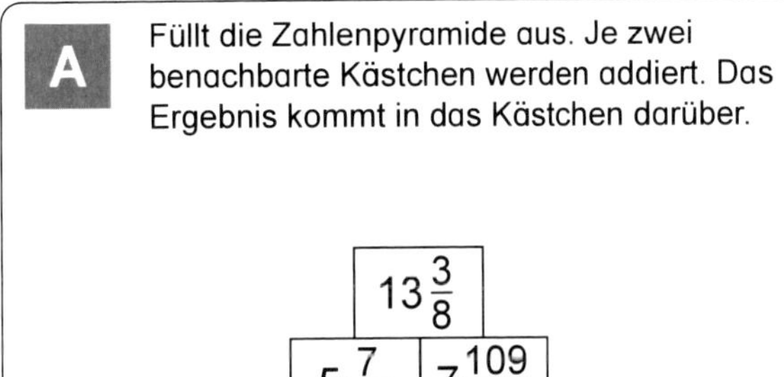

$13\frac{3}{8}$					
$5\frac{7}{15}$	$7\frac{109}{120}$				
$2\frac{11}{60}$	$3\frac{17}{60}$	$4\frac{5}{8}$			
$\frac{59}{60}$	$1\frac{1}{5}$	$2\frac{1}{12}$	$2\frac{13}{24}$		
$\frac{8}{15}$	$\frac{9}{20}$	$\frac{3}{4}$	$1\frac{1}{3}$	$1\frac{5}{24}$	
$\frac{1}{3}$	$\frac{1}{5}$	$\frac{1}{4}$	$\frac{1}{2}$	$\frac{5}{6}$	$\frac{3}{8}$

B Füllt die Zahlenpyramide aus. Die Zahlen in je zwei benachbarten Kästchen werden subtrahiert. Das Ergebnis kommt in das Kästchen darunter.

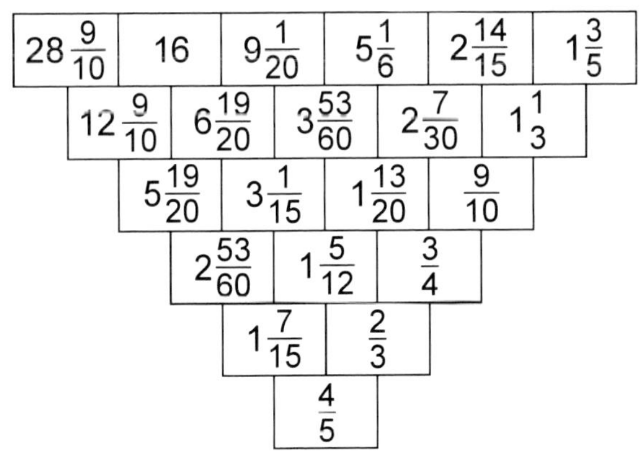

$28\frac{9}{10}$	16	$9\frac{1}{20}$	$5\frac{1}{6}$	$2\frac{14}{15}$	$1\frac{3}{5}$
$12\frac{9}{10}$	$6\frac{19}{20}$	$3\frac{53}{60}$	$2\frac{7}{30}$	$1\frac{1}{3}$	
$5\frac{19}{20}$	$3\frac{1}{15}$	$1\frac{13}{20}$	$\frac{9}{10}$		
$2\frac{53}{60}$	$1\frac{5}{12}$	$\frac{3}{4}$			
$1\frac{7}{15}$	$\frac{2}{3}$				
$\frac{4}{5}$					

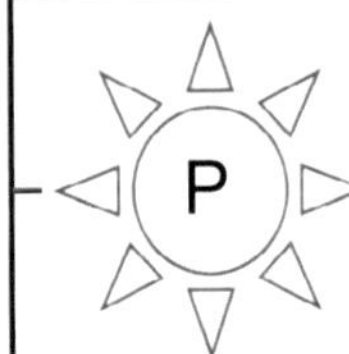

Station

Zur Auflockerung 2 – Lösungen

A Wie heißt die letzte Zahl auf Speedys Schneckenhaus?

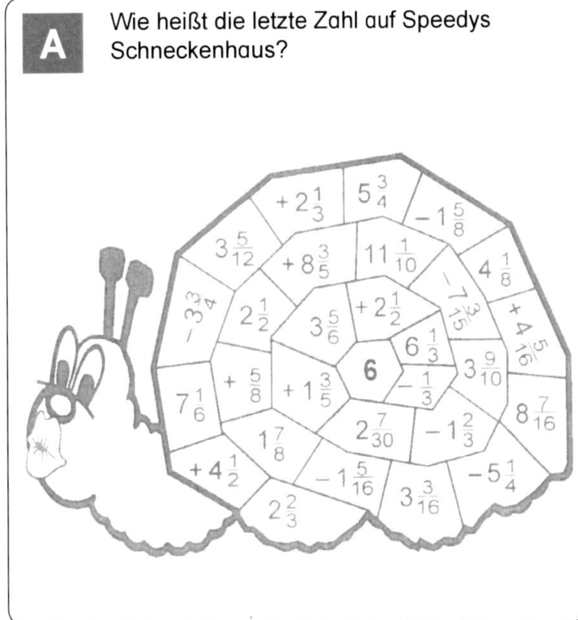

B Wie heißt die letzte Zahl auf Speedys Schneckenhaus?

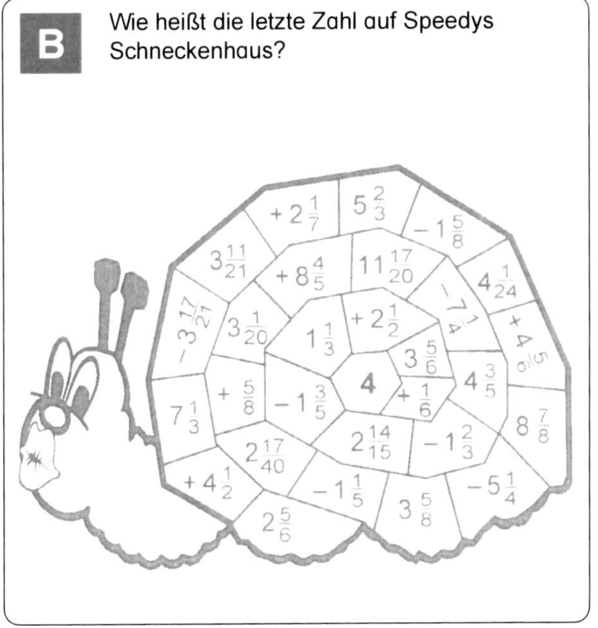

Stationenlernen Bruchrechnen – Bestell-Nr. 12 002
KOHL VERLAG

Stationenlernen Bruchrechnen – Bestell-Nr. 12 002
KOHL VERLAG

Station

Einfärben von Produkten (Multiplikand = Bruch)

A Schreibe als Multiplikationsaufgabe und färbe entsprechend ein.

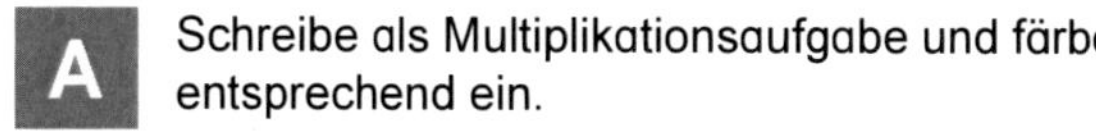
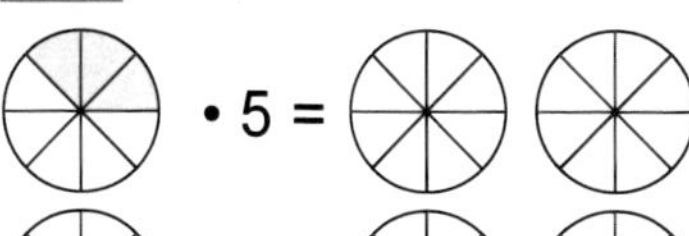

• 5 = • 5 =

• 9 = • 9 =

• 3 = • 3 =

• 11 = • 11 =

• 4 = • 4 =

• 3 = • 3 =

B Schreibe als Multiplikationsaufgabe und färbe entsprechend ein.

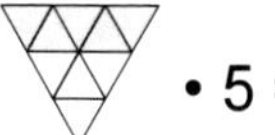
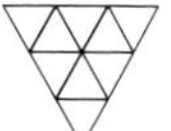

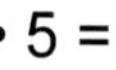

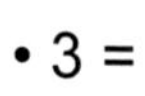
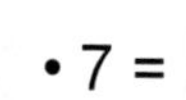

• 5 = • 5 =

• 4 = • 4 =

• 3 = • 3 =

• 5 = • 5 =

• 7 = • 7 =

• 3 = • 3 =

Stationenlernen Bruchrechnen – Bestell-Nr. 12 002

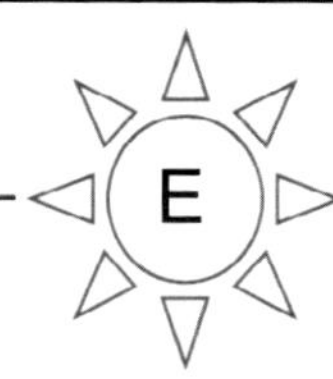

Station

Mit welcher natürlichen Zahl wurde multipliziert?

A Mit welcher Zahl wurde multipliziert. Trage ein.

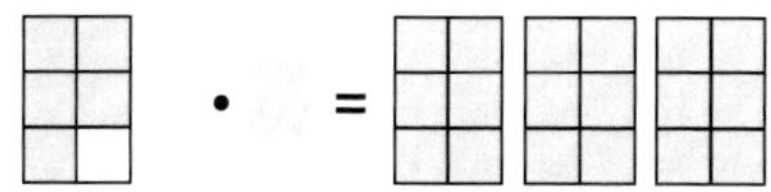
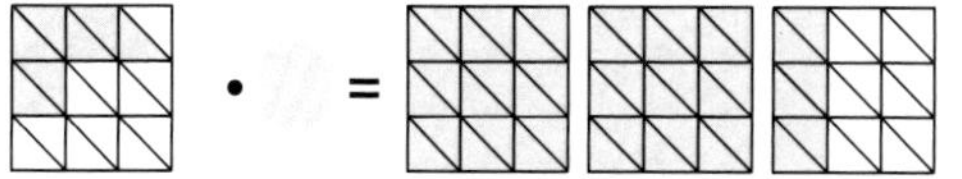
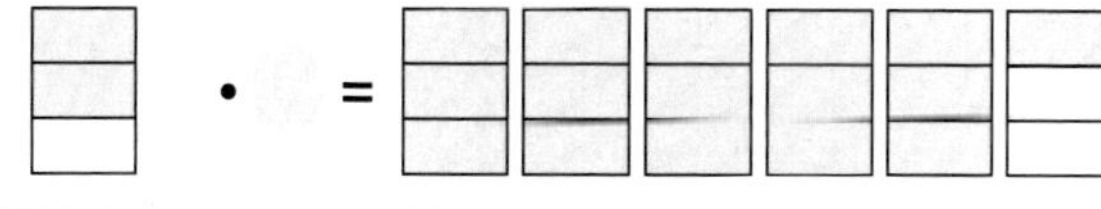
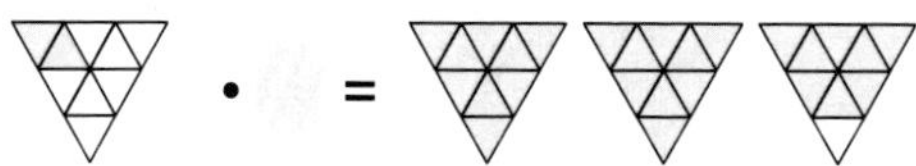
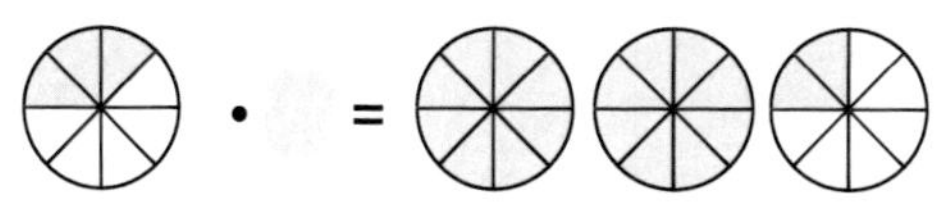
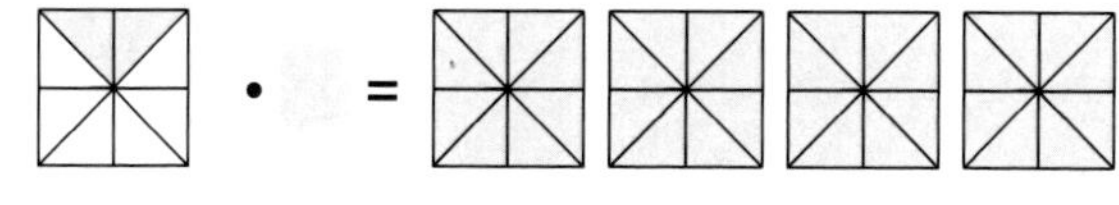

B Mit welcher Zahl wurde multipliziert. Trage ein.

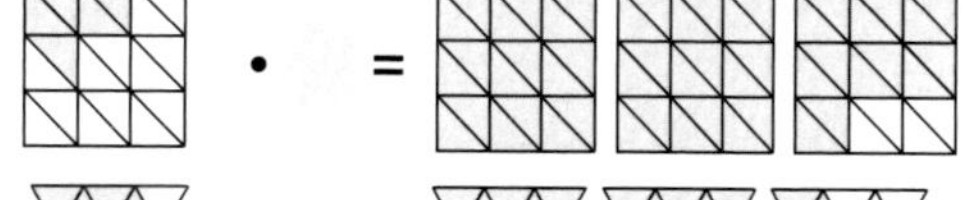
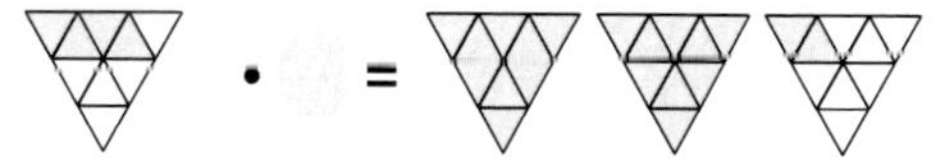
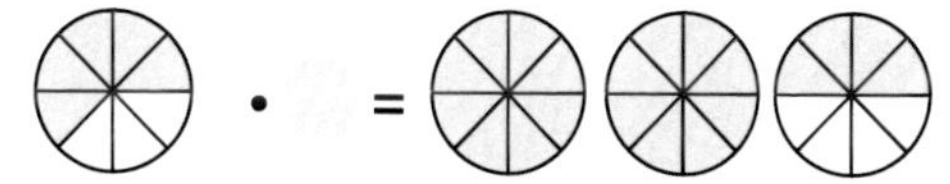
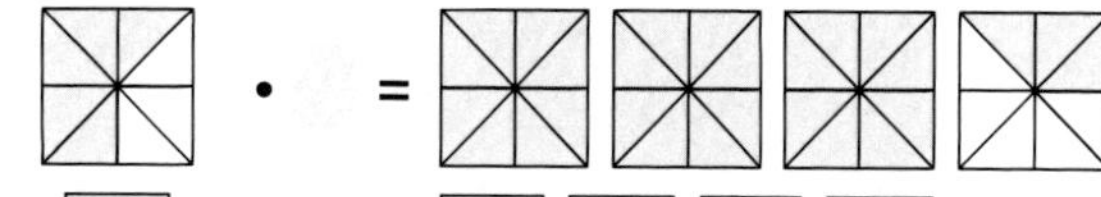
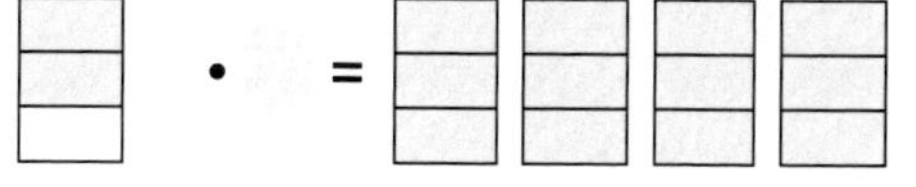

Stationenlernen Bruchrechnen – Bestell-Nr. 12 002

Station

Einfärben von Produkten (Multiplikand = Bruch) – Lösungen

A Schreibe als Multiplikationsaufgabe und färbe entsprechend ein.

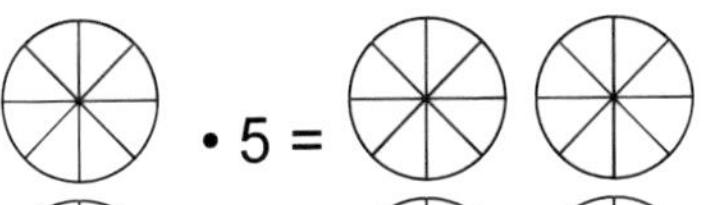

• 5 = $\frac{3}{8} \cdot 5 = 1\frac{7}{8}$

• 9 = $\frac{1}{8} \cdot 9 = 1\frac{1}{8}$

• 3 = $\frac{5}{8} \cdot 3 = 1\frac{7}{8}$

• 11 = $\frac{1}{6} \cdot 11 = 1\frac{5}{6}$

• 4 = $\frac{2}{3} \cdot 4 = 2\frac{2}{3}$

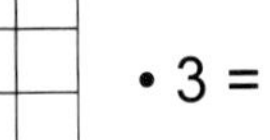

• 3 = $\frac{5}{8} \cdot 3 = 1\frac{7}{8}$

B Schreibe als Multiplikationsaufgabe und färbe entsprechend ein.

 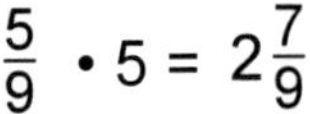

• 5 = $\frac{5}{9} \cdot 5 = 2\frac{7}{9}$

• 4 = $\frac{5}{9} \cdot 4 = 2\frac{2}{9}$

• 3 = $\frac{7}{9} \cdot 3 = 2\frac{3}{9}$

• 5 = $\frac{5}{18} \cdot 5 = 1\frac{7}{18}$

• 7 = $\frac{7}{18} \cdot 7 = 2\frac{13}{18}$

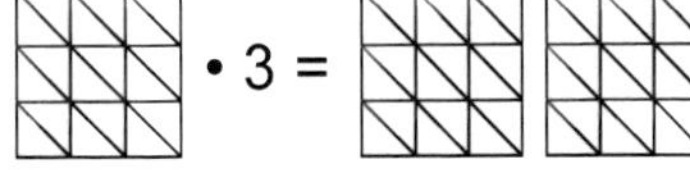

• 3 = $\frac{11}{18} \cdot 3 = 1\frac{15}{18}$

Station

!

Mit welcher natürlichen Zahl wurde multipliziert? – Lösungen

A Mit welcher Zahl wurde multipliziert. Trage ein.

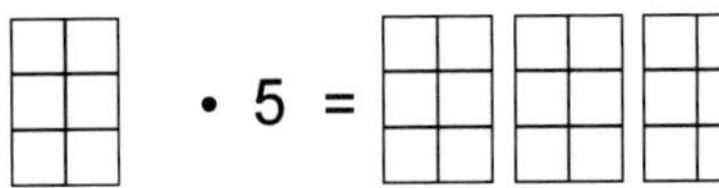

• 5 =

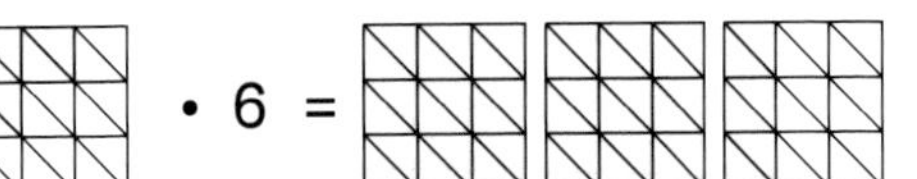

• 6 =

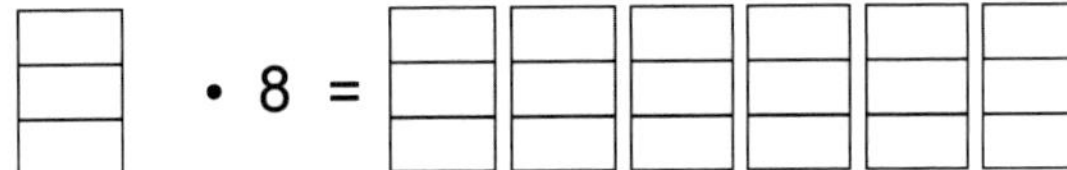

• 8 =

• 13 =

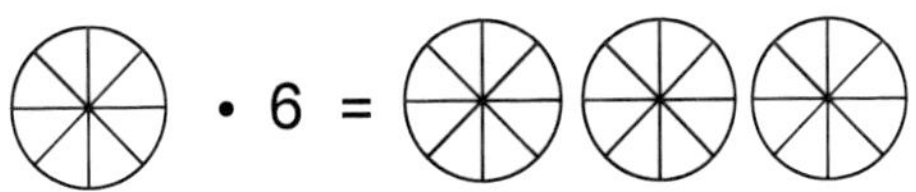

• 6 =

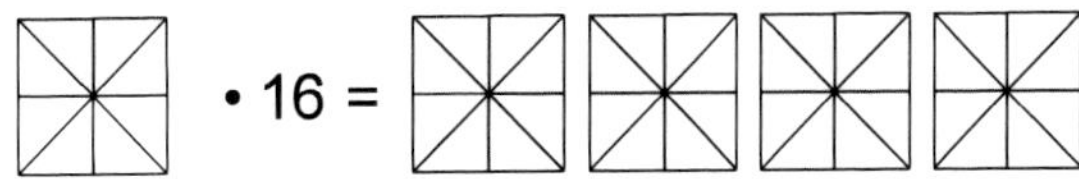

• 16 =

B Mit welcher Zahl wurde multipliziert. Trage ein.

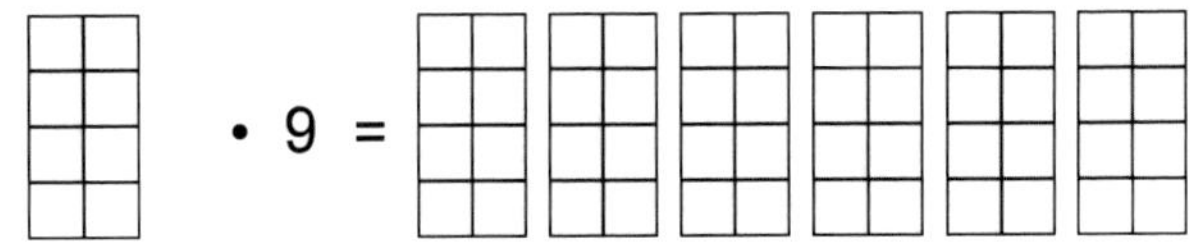

• 9 =

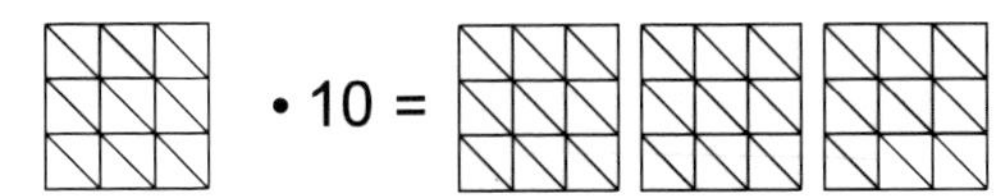

• 10 =

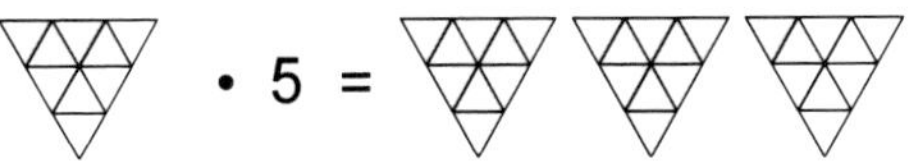

• 5 =

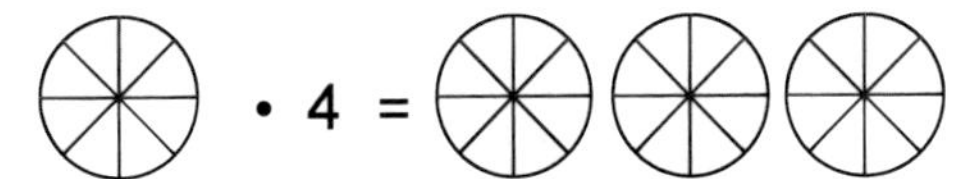

• 4 =

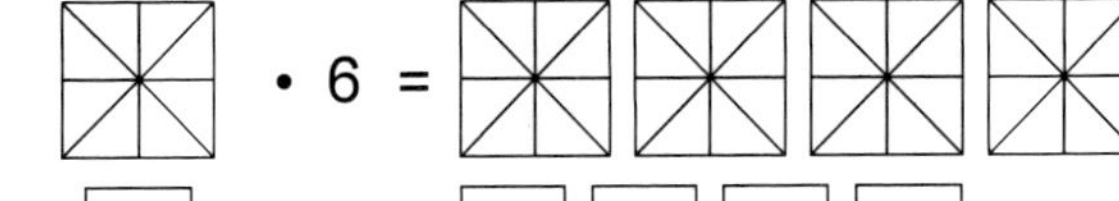

• 6 =

• 6 =

KOHL VERLAG Stationenlernen Bruchrechnen – Bestell-Nr. 12 002

Station

!

Multiplikation einer natürlichen Zahl mit einem Bruch

A Berechnet die Produkte.

$5 \cdot \frac{3}{8} = \quad =$

$6 \cdot \frac{4}{5} = \quad =$

$4 \cdot \frac{7}{9} = \quad =$

$9 \cdot \frac{3}{7} = \quad =$

$8 \cdot \frac{2}{3} = \quad =$

$13 \cdot \frac{3}{4} = \quad =$

B Berechnet die Produkte.

$28 \cdot \frac{2}{3} = \quad =$

$16 \cdot \frac{2}{5} = \quad =$

$19 \cdot \frac{4}{9} = \quad =$

$41 \cdot \frac{2}{7} = \quad =$

$75 \cdot \frac{1}{2} = \quad =$

$13 \cdot \frac{7}{8} = \quad =$

C Berechnet die Produkte, indem ihr die gemischte Zahl in einen unechten Bruch umwandelt.

$8 \cdot 2\frac{2}{3} = 8 \cdot \quad = \quad =$

$7 \cdot 4\frac{1}{2} = 7 \cdot \quad = \quad =$

$5 \cdot 3\frac{3}{4} = 5 \cdot \quad = \quad =$

$4 \cdot 2\frac{4}{9} = 4 \cdot \quad = \quad =$

$3 \cdot 3\frac{5}{7} = 3 \cdot \quad = \quad =$

$4 \cdot 3\frac{2}{5} = 4 \cdot \quad = \quad =$

Stationenlernen Bruchrechnen – Bestell-Nr. 12 002
KOHL VERLAG

Station

Multiplikation gemischter Zahlen

A Berechnet die Produkte. Bevor ihr multipliziert, prüft, ob ihr kürzen könnt.

$\frac{1}{2} \cdot \frac{3}{4} =$ $\qquad$ $\frac{2}{3} \cdot \frac{1}{5} =$

$\frac{4}{5} \cdot \frac{7}{8} =$ $\qquad$ $\frac{5}{12} \cdot \frac{3}{10} =$

$\frac{3}{5} \cdot \frac{1}{8} =$ $\qquad$ $\frac{3}{8} \cdot \frac{7}{10} =$

$\frac{3}{4} \cdot \frac{6}{7} =$ $\qquad$ $\frac{4}{9} \cdot \frac{3}{8} =$

$\frac{3}{4} \cdot \frac{5}{11} =$ $\qquad$ $\frac{7}{10} \cdot \frac{4}{5} =$

$\frac{4}{5} \cdot \frac{2}{3} \cdot \frac{3}{8} =$ $\qquad$ $\frac{5}{9} \cdot \frac{6}{11} \cdot \frac{22}{25} =$

B Berechnet die Produkte, indem ihr die gemischten Zahlen in unechte Brüche umwandelt. Kürzt, wenn möglich vor dem Multiplizieren.

$1\frac{2}{3} \cdot 2\frac{1}{2} = \quad \cdot \quad = \quad =$

$1\frac{1}{3} \cdot 2\frac{5}{6} = \quad \cdot \quad = \quad =$

$2\frac{5}{8} \cdot 3\frac{1}{3} = \quad \cdot \quad = \quad =$

$1\frac{3}{4} \cdot 4\frac{2}{5} = \quad \cdot \quad = \quad =$

$1\frac{5}{7} \cdot 2\frac{3}{8} = \quad \cdot \quad = \quad =$

$4\frac{2}{3} \cdot 1\frac{4}{5} = \quad \cdot \quad = \quad =$

Stationenlernen Bruchrechnen – Bestell-Nr. 12 002
KOHL VERLAG

Station

Multiplikation einer natürlichen Zahl mit einem Bruch – Lösungen

A Berechnet die Produkte.

$5 \cdot \frac{3}{8} = \frac{15}{8} = 1\frac{7}{8}$

$6 \cdot \frac{4}{5} = \frac{24}{5} = 4\frac{4}{5}$

$4 \cdot \frac{7}{9} = \frac{28}{9} = 3\frac{1}{9}$

$9 \cdot \frac{3}{7} = \frac{27}{7} = 3\frac{6}{7}$

$8 \cdot \frac{2}{3} = \frac{16}{3} = 5\frac{1}{3}$

$13 \cdot \frac{3}{4} = \frac{39}{4} = 9\frac{3}{4}$

B Berechnet die Produkte.

$28 \cdot \frac{2}{3} = \frac{56}{3} = 18\frac{2}{3}$

$16 \cdot \frac{2}{5} = \frac{32}{5} = 6\frac{2}{5}$

$19 \cdot \frac{4}{9} = \frac{76}{9} = 8\frac{4}{9}$

$41 \cdot \frac{2}{7} = \frac{82}{7} = 11\frac{5}{7}$

$75 \cdot \frac{1}{2} = \frac{75}{2} = 37\frac{1}{2}$

$13 \cdot \frac{7}{8} = \frac{91}{8} = 11\frac{3}{8}$

C Berechnet die Produkte, indem ihr die gemischte Zahl in einen unechten Bruch umwandelt.

$8 \cdot 2\frac{2}{3} = 8 \cdot \frac{8}{3} = \frac{64}{3} = 21\frac{1}{3}$

$7 \cdot 4\frac{1}{2} = 7 \cdot \frac{9}{2} = \frac{63}{2} = 31\frac{1}{2}$

$5 \cdot 3\frac{3}{4} = 5 \cdot \frac{15}{4} = \frac{75}{4} = 18\frac{3}{4}$

$4 \cdot 2\frac{4}{9} = 4 \cdot \frac{22}{9} = \frac{88}{9} = 9\frac{7}{9}$

$3 \cdot 3\frac{5}{7} = 3 \cdot \frac{26}{7} = \frac{78}{7} = 11\frac{1}{7}$

$4 \cdot 3\frac{2}{5} = 4 \cdot \frac{17}{5} = \frac{68}{5} = 13\frac{3}{5}$

Station

Multiplikation gemischter Zahlen – Lösungen

A Berechnet die Produkte. Bevor ihr multipliziert, prüft, ob ihr kürzen könnt.

$\frac{1}{2} \cdot \frac{3}{4} = \frac{3}{8}$ $\qquad$ $\frac{2}{3} \cdot \frac{1}{5} = \frac{2}{15}$

$\frac{4}{5} \cdot \frac{7}{8} = \frac{7}{10}$ $\qquad$ $\frac{5}{12} \cdot \frac{3}{10} = \frac{1}{8}$

$\frac{3}{5} \cdot \frac{1}{8} = \frac{3}{40}$ $\qquad$ $\frac{3}{8} \cdot \frac{7}{10} = \frac{21}{80}$

$\frac{3}{4} \cdot \frac{6}{7} = \frac{9}{14}$ $\qquad$ $\frac{4}{9} \cdot \frac{3}{8} = \frac{1}{6}$

$\frac{3}{4} \cdot \frac{5}{11} = \frac{15}{44}$ $\qquad$ $\frac{7}{10} \cdot \frac{4}{5} = \frac{14}{25}$

$\frac{4}{5} \cdot \frac{2}{3} \cdot \frac{3}{8} = \frac{1}{5}$ $\qquad$ $\frac{5}{9} \cdot \frac{6}{11} \cdot \frac{22}{25} = \frac{4}{15}$

B Berechnet die Produkte, indem ihr die gemischten Zahlen in unechte Brüche umwandelt. Kürzt, wenn möglich vor dem Multiplizieren.

$1\frac{2}{3} \cdot 2\frac{1}{2} = \frac{5}{3} \cdot \frac{5}{2} = \frac{25}{6} = 4\frac{1}{6}$

$1\frac{1}{3} \cdot 2\frac{5}{6} = \frac{4}{3} \cdot \frac{17}{6} = \frac{34}{9} = 3\frac{7}{9}$

$2\frac{5}{8} \cdot 3\frac{1}{3} = \frac{21}{8} \cdot \frac{10}{3} = \frac{35}{4} = 8\frac{3}{4}$

$1\frac{3}{4} \cdot 4\frac{2}{5} = \frac{7}{4} \cdot \frac{22}{5} = \frac{77}{10} = 7\frac{7}{10}$

$1\frac{5}{7} \cdot 2\frac{3}{8} = \frac{12}{7} \cdot \frac{19}{8} = \frac{57}{14} = 4\frac{1}{14}$

$4\frac{2}{3} \cdot 1\frac{4}{5} = \frac{14}{3} \cdot \frac{9}{5} = \frac{42}{5} = 8\frac{2}{5}$

Station P

Division einer natürlichen Zahl durch einen Bruch

A Berechnet.

$5 : \frac{3}{4} = 5 \cdot \quad = \quad =$

$6 : \frac{5}{7} = 6 \cdot \quad = \quad =$

$4 : \frac{7}{9} = 4 \cdot \quad = \quad =$

$3 : \frac{4}{5} = 3 \cdot \quad = \quad =$

$5 : \frac{3}{5} = 5 \cdot \quad = \quad =$

$5 : \frac{2}{3} = 5 \cdot \quad = \quad =$

B Berechnet.

$3 : \frac{7}{8} = 3 \cdot \quad = \quad =$

$4 : \frac{5}{6} = 4 \cdot \quad = \quad =$

$7 : \frac{8}{9} = 7 \cdot \quad = \quad =$

$11 : \frac{2}{9} = 11 \cdot \quad = \quad =$

$13 : \frac{4}{5} = 13 \cdot \quad = \quad =$

$12 : \frac{5}{6} = 12 \cdot \quad = \quad =$

KOHL VERLAG Stationenlernen Bruchrechnen – Bestell-Nr. 12 002

Station E

Division von Brüchen und gemischten Zahlen

A Berechne. Bevor du multiplizierst, prüfe, ob du kürzen kannst.

$\frac{8}{10} : \frac{1}{5} = \quad \cdot \quad =$

$\frac{2}{3} : \frac{5}{6} = \quad \cdot \quad =$

$\frac{7}{12} : \frac{3}{4} = \quad \cdot \quad =$

$\frac{1}{2} : 1\frac{1}{4} = \quad : \quad = \quad \cdot \quad =$

$\frac{5}{6} : 3\frac{1}{4} = \quad : \quad = \quad \cdot \quad =$

$\frac{6}{7} : 2\frac{2}{3} = \quad : \quad = \quad \cdot \quad =$

B Berechne. Bevor du multiplizierst, prüfe, ob du kürzen kannst.

$3\frac{3}{4} : 5 = \quad : \quad = \quad \cdot \quad =$

$5\frac{1}{3} : 4 = \quad : \quad = \quad \cdot \quad = \quad =$

$9\frac{3}{5} : 6 = \quad : \quad = \quad \cdot \quad = \quad =$

$4\frac{2}{3} : 1\frac{1}{5} = \quad : \quad = \quad \cdot \quad = \quad =$

$2\frac{2}{7} : 1\frac{1}{3} = \quad : \quad = \quad \cdot \quad = \quad =$

$5\frac{1}{2} : 3\frac{1}{4} = \quad : \quad = \quad \cdot \quad = \quad =$

KOHL VERLAG Stationenlernen Bruchrechnen – Bestell-Nr. 12 002

Station

Division einer natürlichen Zahl durch einen Bruch – Lösungen

A Berechnet.

$5 : \frac{3}{4} = 5 \cdot \frac{4}{3} = \frac{20}{3} = 6\frac{2}{3}$

$6 : \frac{5}{7} = 6 \cdot \frac{7}{5} = \frac{42}{5} = 8\frac{2}{5}$

$4 : \frac{7}{9} = 4 \cdot \frac{9}{7} = \frac{36}{7} = 5\frac{1}{7}$

$3 : \frac{4}{5} = 3 \cdot \frac{5}{4} = \frac{15}{4} = 3\frac{3}{4}$

$5 : \frac{3}{5} = 5 \cdot \frac{5}{3} = \frac{25}{3} = 8\frac{1}{3}$

$5 : \frac{2}{3} = 5 \cdot \frac{3}{2} = \frac{15}{2} = 7\frac{1}{2}$

B Berechnet.

$3 : \frac{7}{8} = 3 \cdot \frac{8}{7} = \frac{24}{7} = 3\frac{3}{7}$

$4 : \frac{5}{6} = 4 \cdot \frac{6}{5} = \frac{24}{5} = 4\frac{4}{5}$

$7 : \frac{8}{9} = 7 \cdot \frac{9}{8} = \frac{63}{8} = 7\frac{7}{8}$

$11 : \frac{2}{9} = 11 \cdot \frac{9}{2} = \frac{99}{2} = 49\frac{1}{2}$

$13 : \frac{4}{5} = 13 \cdot \frac{5}{4} = \frac{65}{4} = 16\frac{1}{4}$

$12 : \frac{5}{6} = 12 \cdot \frac{6}{5} = \frac{72}{5} = 14\frac{2}{5}$

Station

Division von Brüchen und gemischten Zahlen – Lösungen

A Berechne. Bevor du multiplizierst, prüfe, ob du kürzen kannst.

$\frac{8}{10} : \frac{1}{5} = \frac{8}{10} \cdot \frac{5}{1} = 4$

$\frac{2}{3} : \frac{5}{6} = \frac{2}{3} \cdot \frac{6}{5} = \frac{4}{5}$

$\frac{7}{12} : \frac{3}{4} = \frac{7}{12} \cdot \frac{4}{3} = \frac{7}{9}$

$\frac{1}{2} : 1\frac{1}{4} = \frac{1}{2} : \frac{5}{4} = \frac{1}{2} \cdot \frac{4}{5} = \frac{2}{5}$

$\frac{5}{6} : 3\frac{1}{4} = \frac{5}{6} : \frac{13}{4} = \frac{5}{6} \cdot \frac{4}{13} = \frac{10}{39}$

$\frac{6}{7} : 2\frac{2}{3} = \frac{6}{7} : \frac{8}{3} = \frac{6}{7} \cdot \frac{3}{8} = \frac{9}{28}$

B Berechne. Bevor du multiplizierst, prüfe, ob du kürzen kannst.

$3\frac{3}{4} : 5 = \frac{15}{4} : \frac{5}{1} = \frac{15}{4} \cdot \frac{1}{5} = \frac{3}{4}$

$5\frac{1}{3} : 4 = \frac{16}{3} : \frac{4}{1} = \frac{16}{3} \cdot \frac{1}{4} = \frac{4}{3} = 1\frac{1}{3}$

$9\frac{3}{5} : 6 = \frac{48}{5} : \frac{6}{1} = \frac{48}{5} \cdot \frac{1}{6} = \frac{8}{5} = 1\frac{3}{5}$

$4\frac{2}{3} : 1\frac{1}{5} = \frac{14}{3} : \frac{6}{5} = \frac{14}{3} \cdot \frac{5}{6} = \frac{35}{9} = 3\frac{8}{9}$

$2\frac{2}{7} : 1\frac{1}{3} = \frac{16}{7} : \frac{4}{3} = \frac{16}{7} \cdot \frac{3}{4} = \frac{12}{7} = 1\frac{5}{7}$

$5\frac{1}{2} : 3\frac{1}{4} = \frac{11}{2} : \frac{13}{4} = \frac{11}{2} \cdot \frac{4}{13} = \frac{22}{13} = 1\frac{9}{13}$

KOHL VERLAG Stationenlernen Bruchrechnen – Bestell-Nr. 12 002

Station

Vermischte Übungen 1

A Füllt die Tabellen aus.

1. Faktor	$5\frac{1}{3}$	$3\frac{1}{2}$	$4\frac{5}{9}$	$19\frac{1}{5}$
2. Faktor	$6\frac{3}{5}$	$2\frac{1}{7}$	$6\frac{2}{3}$	$2\frac{1}{4}$
Produkt				

1. Summand		$6\frac{2}{7}$		$5\frac{11}{29}$
2. Summand	$2\frac{7}{17}$		$13\frac{5}{23}$	
Summe	$6\frac{10}{17}$	$8\frac{4}{7}$	$22\frac{12}{23}$	$14\frac{9}{29}$

B Füllt die Tabellen aus.

Minuend	$9\frac{11}{19}$		15	
Subtrahend		$2\frac{7}{13}$		$8\frac{5}{11}$
Differenz	$3\frac{8}{19}$	$8\frac{8}{13}$	$7\frac{5}{7}$	$3\frac{8}{11}$

Dividend	$9\frac{1}{2}$	$7\frac{1}{5}$	$15\frac{5}{9}$	$12\frac{2}{5}$
Divisor	$3\frac{1}{3}$	$2\frac{2}{3}$	$7\frac{1}{2}$	$1\frac{1}{7}$
Quotient				

Station

Vermischte Übungen 2

A Fülle die Zahlenpyramide aus. Je zwei benachbarte Kästchen werden addiert. Das Ergebnis kommt in das Kästchen darüber.

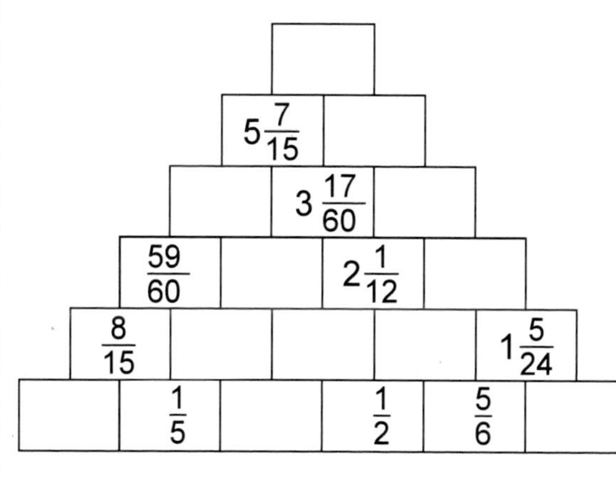

B Fülle die Zahlenpyramide aus. Die Zahlen in je zwei benachbarten Kästchen werden subtrahiert. Das Ergebnis kommt in das Kästchen darunter.

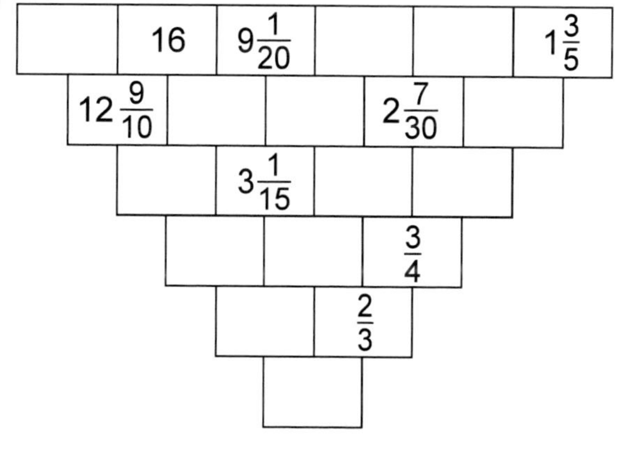

KOHL VERLAG
Stationenlernen Bruchrechnen – Bestell-Nr. 12 002

Station

Vermischte Übungen 1 – Lösungen

A Füllt die Tabellen aus.

1. Faktor	$5\frac{1}{3}$	$3\frac{1}{2}$	$4\frac{5}{9}$	$19\frac{1}{5}$
2. Faktor	$6\frac{3}{5}$	$2\frac{1}{7}$	$6\frac{2}{3}$	$2\frac{1}{4}$
Produkt	$35\frac{1}{5}$	$7\frac{1}{2}$	$30\frac{10}{27}$	$43\frac{1}{5}$

1. Summand	$4\frac{3}{17}$	$6\frac{2}{7}$	$9\frac{7}{23}$	$5\frac{11}{29}$
2. Summand	$2\frac{7}{17}$	$2\frac{2}{7}$	$13\frac{5}{23}$	$8\frac{27}{29}$
Summe	$6\frac{10}{17}$	$8\frac{4}{7}$	$22\frac{12}{23}$	$14\frac{9}{29}$

B Füllt die Tabellen aus.

Minuend	$9\frac{11}{19}$	$11\frac{2}{13}$	15	$12\frac{2}{11}$
Subtrahend	$6\frac{3}{19}$	$2\frac{7}{13}$	$7\frac{2}{7}$	$8\frac{5}{11}$
Differenz	$3\frac{8}{19}$	$8\frac{8}{13}$	$7\frac{5}{7}$	$3\frac{8}{11}$

Dividend	$9\frac{1}{2}$	$7\frac{1}{5}$	$15\frac{5}{9}$	$12\frac{2}{5}$
Divisor	$3\frac{1}{3}$	$2\frac{2}{3}$	$7\frac{1}{2}$	$1\frac{1}{7}$
Quotient	$2\frac{17}{20}$	$2\frac{7}{10}$	$2\frac{2}{27}$	$10\frac{17}{20}$

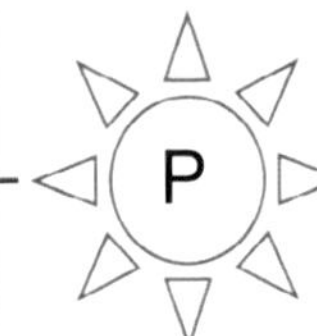

Station

Vermischte Übungen 2 – Lösungen

A Fülle die Zahlenpyramide aus. Je zwei benachbarte Kästchen werden addiert. Das Ergebnis kommt in das Kästchen darüber.

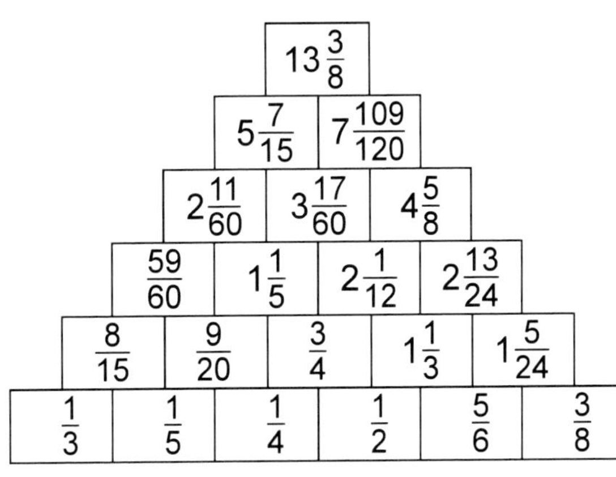

B Fülle die Zahlenpyramide aus. Die Zahlen in je zwei benachbarten Kästchen werden subtrahiert. Das Ergebnis kommt in das Kästchen darunter.

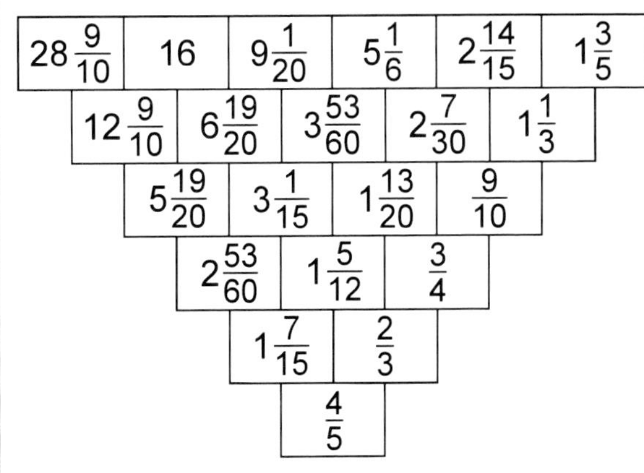

Stationenlernen Bruchrechnen – Bestell-Nr. 12 002
KOHL VERLAG

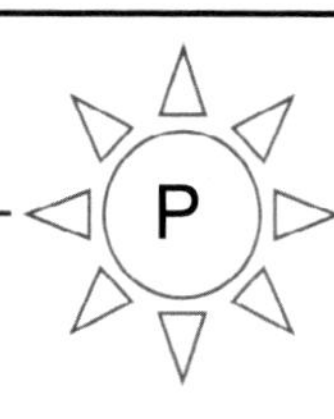

Station

Vermischte Übungen 3

A Ergänzt die Tabelle.

+	$\frac{1}{4}$	$\frac{3}{5}$	$\frac{2}{3}$	$\frac{1}{2}$
$\frac{5}{6}$				
$\frac{7}{8}$				
$\frac{3}{10}$				
$\frac{5}{12}$				

B Ergänzt die Tabelle.

−	$\frac{1}{2}$	$\frac{2}{3}$	$\frac{3}{5}$	$\frac{1}{4}$
$\frac{5}{6}$				
$\frac{7}{8}$				
$\frac{9}{10}$				
$\frac{11}{12}$				

Station

Vermischte Übungen 4

A Welche Bruchzahl steht jeweils in dem leeren Feld?

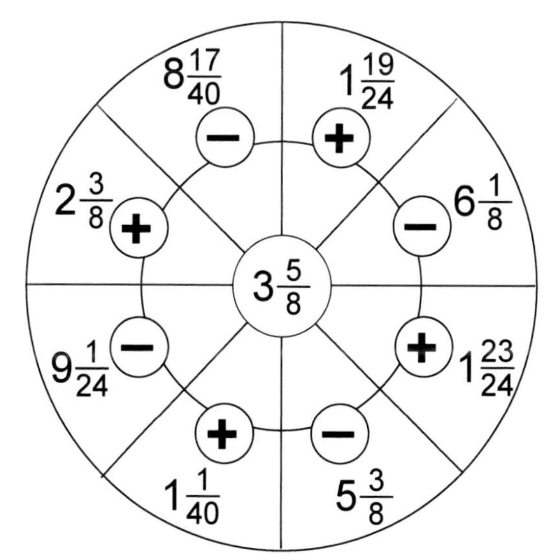

B Welche Bruchzahl steht jeweils in dem leeren Feld?

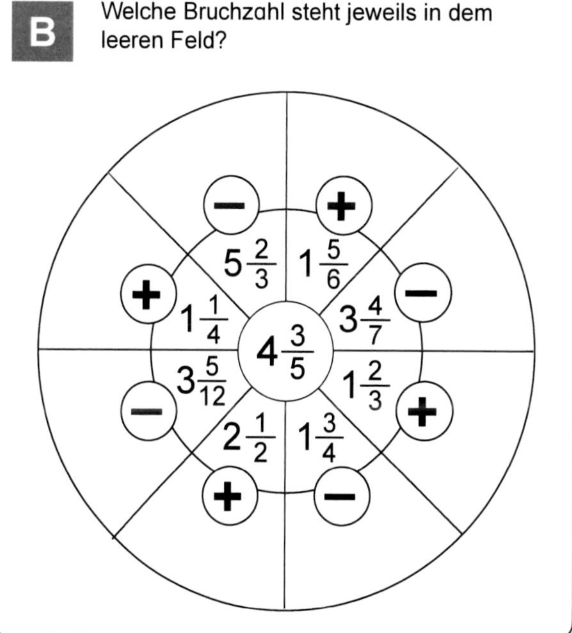

Station

  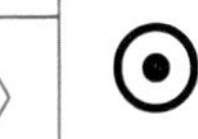

Vermischte Übungen 3 – Lösungen

A Ergänzt die Tabelle.

+	$\frac{1}{4}$	$\frac{3}{5}$	$\frac{2}{3}$	$\frac{1}{2}$
$\frac{5}{6}$	$1\frac{1}{12}$	$1\frac{13}{30}$	$1\frac{1}{2}$	$1\frac{1}{3}$
$\frac{7}{8}$	$1\frac{1}{8}$	$1\frac{19}{40}$	$1\frac{13}{24}$	$1\frac{3}{8}$
$\frac{3}{10}$	$\frac{11}{20}$	$\frac{9}{10}$	$\frac{29}{30}$	$\frac{4}{5}$
$\frac{5}{12}$	$\frac{2}{3}$	$1\frac{1}{60}$	$1\frac{1}{12}$	$\frac{11}{12}$

B Ergänzt die Tabelle.

−	$\frac{1}{2}$	$\frac{2}{3}$	$\frac{3}{5}$	$\frac{1}{4}$
$\frac{5}{6}$	$\frac{1}{3}$	$\frac{1}{6}$	$\frac{7}{30}$	$\frac{7}{12}$
$\frac{7}{8}$	$\frac{3}{8}$	$\frac{5}{24}$	$\frac{11}{40}$	$\frac{5}{8}$
$\frac{9}{10}$	$\frac{2}{5}$	$\frac{7}{30}$	$\frac{3}{10}$	$\frac{13}{20}$
$\frac{11}{12}$	$\frac{5}{12}$	$\frac{1}{4}$	$\frac{19}{60}$	$\frac{2}{3}$

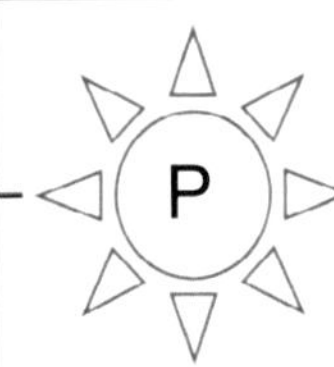

Station

Vermischte Übungen 4 – Lösungen

A Welche Bruchzahl steht jeweils in dem leeren Feld?

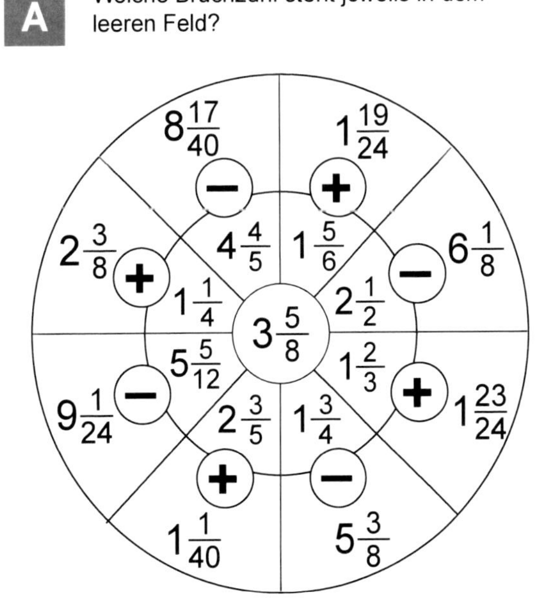

B Welche Bruchzahl steht jeweils in dem leeren Feld?

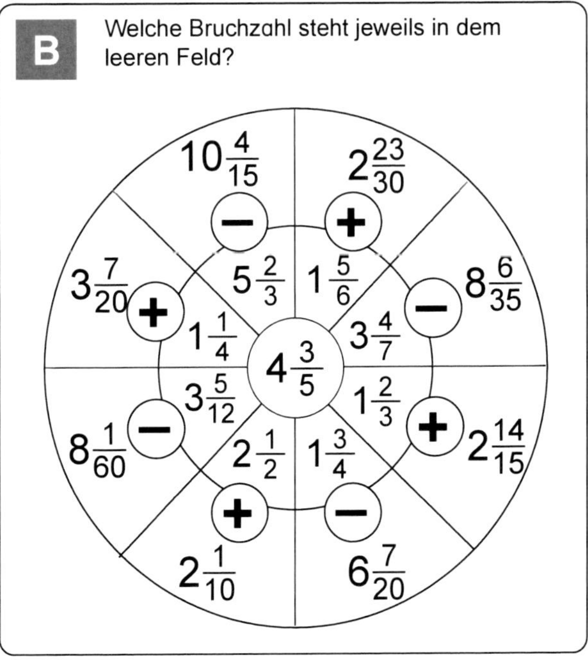

Station

Vermischte Übungen 5

A Ergänzt die Tabelle.

•	$\frac{3}{4}$	$1\frac{3}{5}$	$\frac{2}{3}$	$1\frac{1}{2}$
$\frac{5}{6}$				
$\frac{7}{8}$				
$1\frac{3}{10}$				
$\frac{5}{12}$				

B Ergänzt die Tabelle.

:	$\frac{1}{4}$	$\frac{3}{5}$	$\frac{2}{3}$	$\frac{1}{2}$
$1\frac{5}{6}$				
$2\frac{7}{8}$				
$3\frac{3}{10}$				
$2\frac{5}{12}$				

Station

Vermischte Übungen 6

A Welche Bruchzahl steht jeweils in dem leeren Feld?

Mitte: $6\frac{1}{4}$

Außen: $29\frac{1}{6}$ (:), $2\frac{7}{34}$ (•), $9\frac{3}{8}$ (:), $1\frac{31}{44}$ (•), $7\frac{17}{24}$ (:), $1\frac{7}{18}$ (•), $7\frac{1}{32}$ (:), $4\frac{13}{28}$ (•)

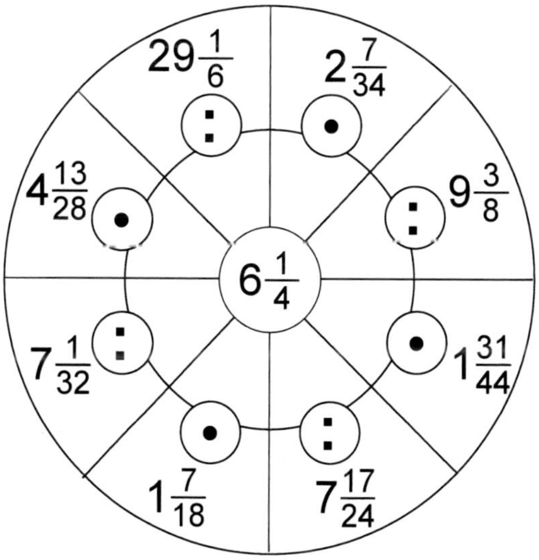

B Welche Bruchzahl steht jeweils in dem leeren Feld?

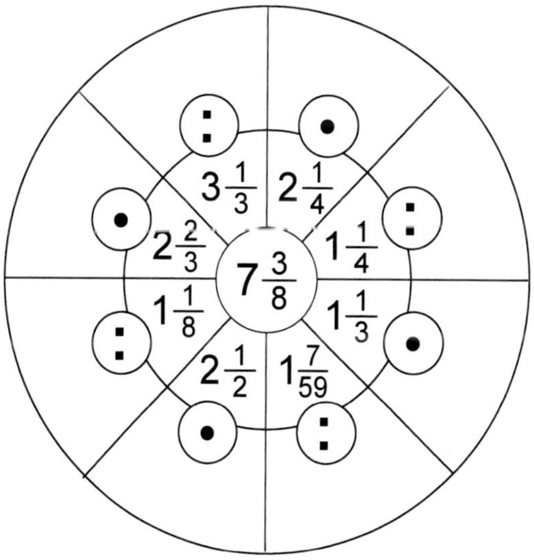

Mitte: $7\frac{3}{8}$

Innen: $3\frac{1}{3}$ (:), $2\frac{1}{4}$ (•), $1\frac{1}{4}$ (:), $1\frac{1}{3}$ (•), $1\frac{7}{59}$ (:), $2\frac{1}{2}$ (•), $1\frac{1}{8}$ (:), $2\frac{2}{3}$ (•)

Station

Vermischte Übungen 5 – Lösungen

A Ergänzt die Tabelle.

$\cdot$	$\frac{3}{4}$	$1\frac{3}{5}$	$\frac{2}{3}$	$1\frac{1}{2}$
$\frac{5}{6}$	$\frac{5}{8}$	$1\frac{1}{3}$	$\frac{5}{9}$	$1\frac{1}{4}$
$\frac{7}{8}$	$\frac{21}{32}$	$1\frac{2}{5}$	$\frac{7}{12}$	$1\frac{5}{16}$
$1\frac{3}{10}$	$\frac{39}{40}$	$2\frac{2}{25}$	$\frac{13}{15}$	$1\frac{19}{20}$
$\frac{5}{12}$	$\frac{5}{16}$	$\frac{2}{3}$	$\frac{5}{18}$	$\frac{5}{8}$

B Ergänzt die Tabelle.

:	$\frac{1}{4}$	$\frac{3}{5}$	$\frac{2}{3}$	$\frac{1}{2}$
$1\frac{5}{6}$	$7\frac{1}{3}$	$3\frac{1}{18}$	$2\frac{3}{4}$	$3\frac{2}{3}$
$2\frac{7}{8}$	$11\frac{1}{2}$	$4\frac{19}{24}$	$4\frac{5}{16}$	$5\frac{3}{4}$
$3\frac{3}{10}$	$13\frac{1}{5}$	$5\frac{1}{2}$	$4\frac{19}{20}$	$6\frac{3}{5}$
$2\frac{5}{12}$	$9\frac{2}{3}$	$4\frac{1}{36}$	$3\frac{5}{8}$	$4\frac{5}{6}$

Stationenlernen Bruchrechnen – Bestell-Nr. 12 002
KOHL VERLAG

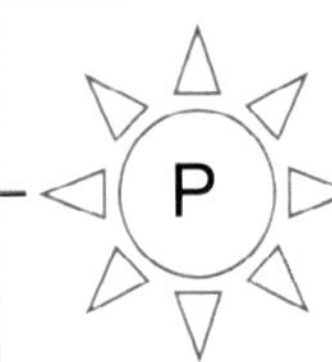

Station

Vermischte Übungen 6 – Lösungen

A Welche Bruchzahl steht jeweils in dem leeren Feld?

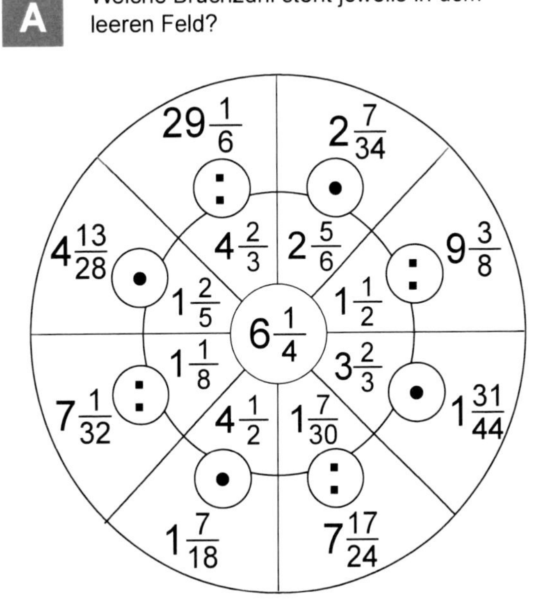

B Welche Bruchzahl steht jeweils in dem leeren Feld?

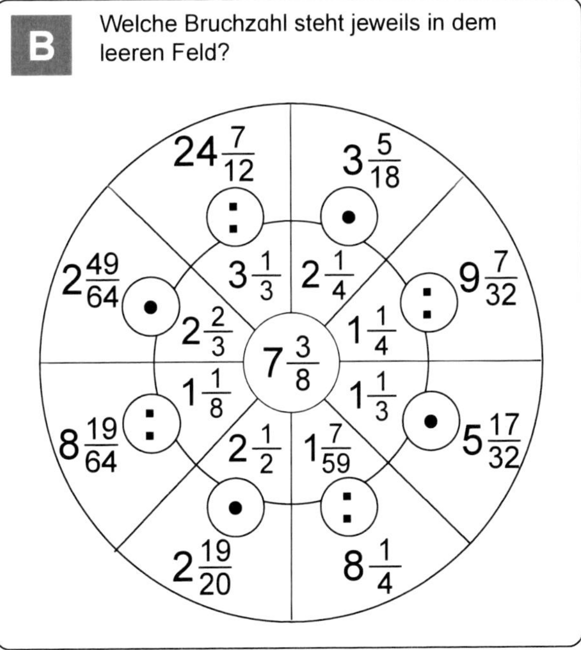

Stationenlernen Bruchrechnen – Bestell-Nr. 12 002
KOHL VERLAG

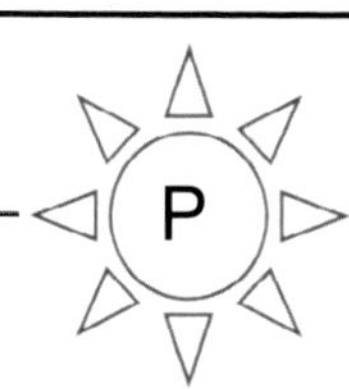

Station

Zur Auflockerung 3

A

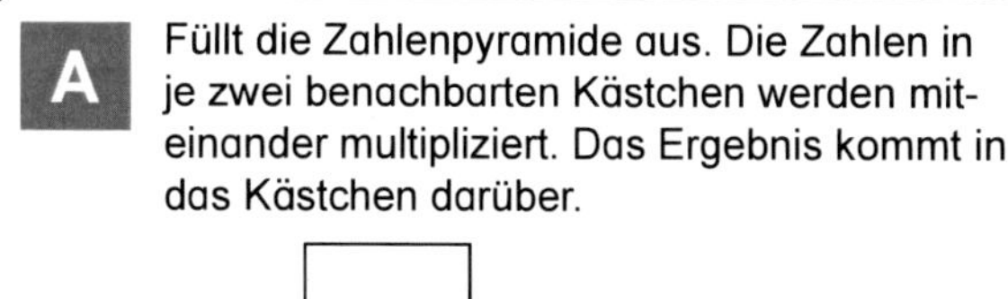

Füllt die Zahlenpyramide aus. Die Zahlen in je zwei benachbarten Kästchen werden miteinander multipliziert. Das Ergebnis kommt in das Kästchen darüber.

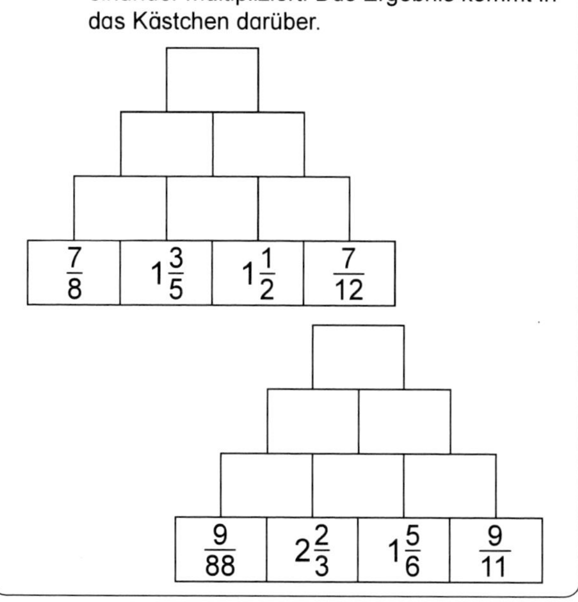

B

Füllt die Zahlen pyramide aus. Die links stehende Zahl in je zwei benachbarten Kästchen wird durch die rechts stehende Zahl dividiert. Das Ergebnis kommt in das Kästchen darunter.

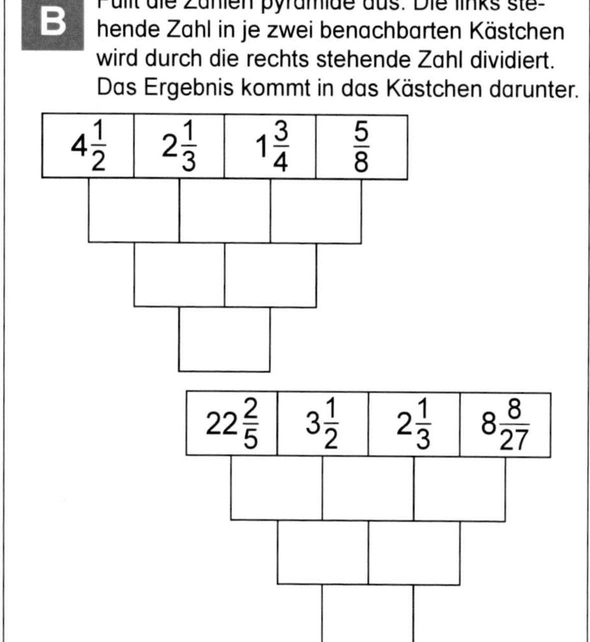

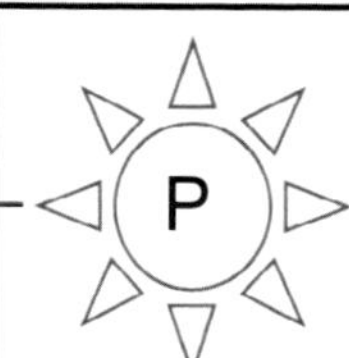

Station

Zur Auflockerung 4

A Ergänzt zu einem Magischen Quadrat, bei dem die Summe jeder Zeile, jeder Spalte und der beiden Diagonalen gleich sind.

		$\frac{5}{8}$	2
$1\frac{7}{8}$	$\frac{3}{4}$	$1\frac{1}{4}$	$\frac{3}{8}$
$1\frac{3}{4}$			$\frac{1}{4}$
$\frac{1}{8}$			

B In diesem Zauberquadrat ist der Wert der Summe für jede Zeile, jede Spalte und jede Diagonale 16. Wie heißen die fehlenden Brüche?

$8\frac{1}{2}$		$7\frac{7}{18}$
		$2\frac{1}{6}$

C Ergänzt das Zauberquadrat so, dass die Summe in den Zeilen, Spalten und Diagonalen jeweils $3\frac{3}{4}$ beträgt.

	$\frac{1}{4}$	2
$1\frac{3}{4}$		$\frac{3}{4}$

D In diesem Zauberquadrat ist der Wert der Summe für jede Zeile, jede Spalte und jede Diagonale 2. Wie heißen die fehlenden Brüche?

$\frac{4}{15}$		$\frac{8}{15}$
	$\frac{2}{3}$	

Station

Zur Auflockerung 3 – Lösungen

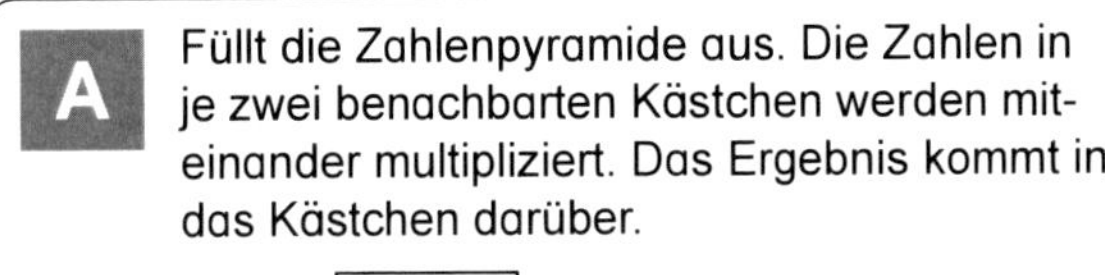

A Füllt die Zahlenpyramide aus. Die Zahlen in je zwei benachbarten Kästchen werden miteinander multipliziert. Das Ergebnis kommt in das Kästchen darüber.

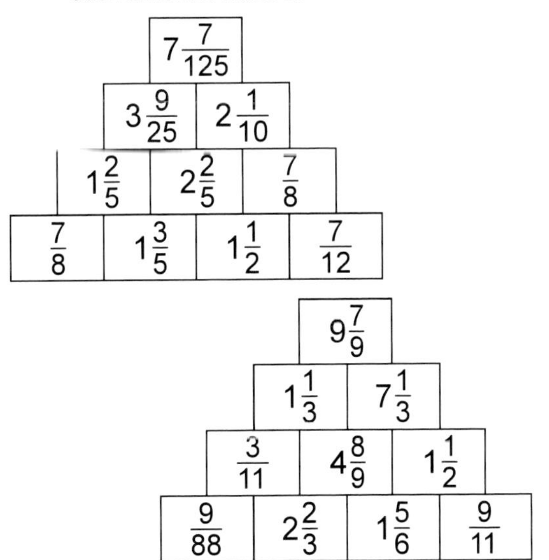

B Füllt die Zahlen pyramide aus. Die links stehende Zahl in je zwei benachbarten Kästchen wird durch die rechts stehende Zahl dividiert. Das Ergebnis kommt in das Kästchen darunter.

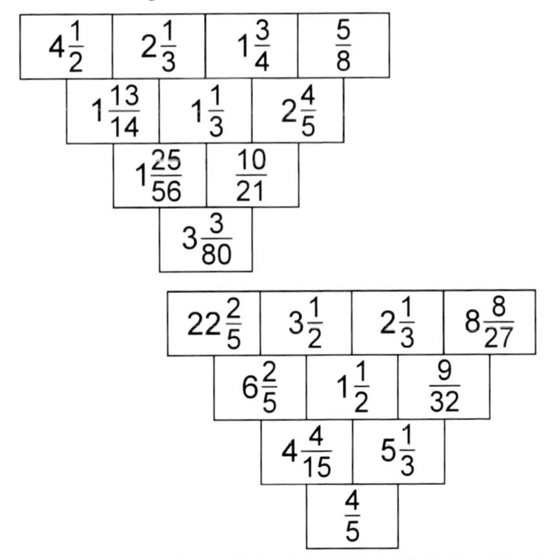

KOHL VERLAG Stationenlernen Bruchrechnen – Bestell-Nr. 12 002

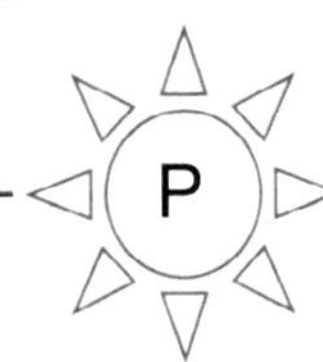

Station

Zur Auflockerung 4 – Lösungen

A Ergänzt zu einem Magischen Quadrat, bei dem die Summe jeder Zeile, jeder Spalte und der beiden Diagonalen gleich sind.

$\frac{1}{2}$	$1\frac{1}{8}$	$\frac{5}{8}$	2
$1\frac{7}{8}$	$\frac{3}{4}$	$1\frac{1}{4}$	$\frac{3}{8}$
$1\frac{3}{4}$	$\frac{7}{8}$	$1\frac{3}{8}$	$\frac{1}{4}$
$\frac{1}{8}$	$1\frac{1}{2}$	1	$1\frac{5}{8}$

B In diesem Zauberquadrat ist der Wert der Summe für jede Zeile, jede Spalte und jede Diagonale 16. Wie heißen die fehlenden Brüche?

$8\frac{1}{2}$	$\frac{1}{9}$	$7\frac{7}{18}$
$4\frac{2}{9}$	$5\frac{1}{3}$	$6\frac{4}{9}$
$3\frac{5}{18}$	$10\frac{5}{9}$	$2\frac{1}{6}$

C Ergänzt das Zauberquadrat so, dass die Summe in den Zeilen, Spalten und Diagonalen jeweils $3\frac{3}{4}$ beträgt.

$1\frac{1}{2}$	$\frac{1}{4}$	2
$1\frac{3}{4}$	$1\frac{1}{4}$	$\frac{3}{4}$
$\frac{1}{2}$	$2\frac{1}{4}$	1

D In diesem Zauberquadrat ist der Wert der Summe für jede Zeile, jede Spalte und jede Diagonale 2. Wie heißen die fehlenden Brüche?

$\frac{4}{15}$	$1\frac{1}{5}$	$\frac{8}{15}$
$\frac{14}{15}$	$\frac{2}{3}$	$\frac{2}{5}$
$\frac{4}{5}$	$\frac{2}{15}$	$1\frac{1}{15}$

KOHL VERLAG Stationenlernen Bruchrechnen – Bestell-Nr. 12 002

Station

Knobelaufgaben mit Streichhölzern

A Lege ein Streichholz so um, dass sich der Wert des Bruches verdoppelt.

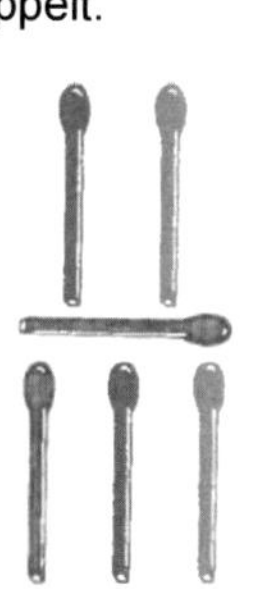

B Lege ein Streichholz so um, dass der Bruch den Wert $\frac{1}{2}$ hat.

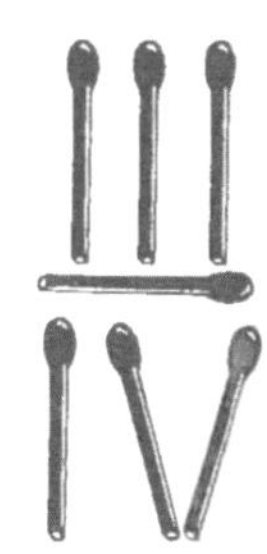

C Der Bruch hat den Wert $\frac{1}{5}$. Finde eine weitere Möglichkeit, diesen Bruch darzustellen. Du brauchst ein Streiholz mehr.

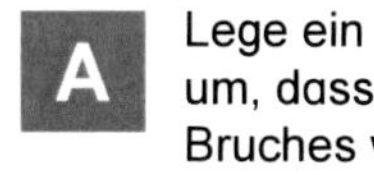 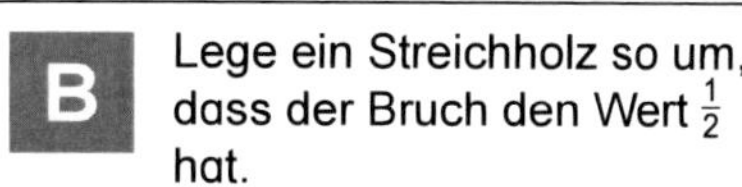 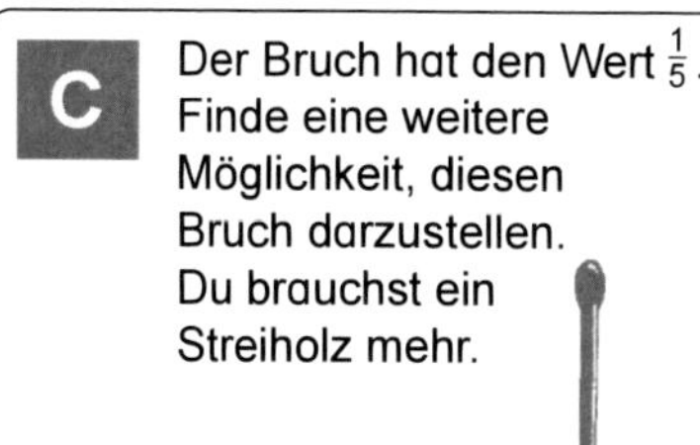

Station

  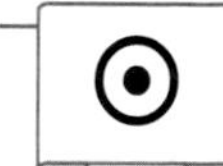

Rechnen mit Klammern 1

A

$7\frac{13}{20} - (3\frac{2}{5} - 1\frac{1}{3}) = \quad - (\quad - \quad) = \quad - \quad = \quad = \quad$

B

$7\frac{8}{9} - (1\frac{1}{6} + 2\frac{5}{18}) = \quad - (\quad + \quad) = \quad - \quad = \quad = \quad$

C

$(1\frac{5}{8} + 4\frac{1}{2}) - (\frac{4}{5} + 3\frac{3}{4}) = (\quad + \quad) - (\quad + \quad) = \quad - \quad = \quad$

D

$(6\frac{2}{9} + 2\frac{5}{6}) - (\frac{1}{2} + 2\frac{2}{3}) = (\quad + \quad) - (\quad + \quad) = \quad - \quad = \quad$

Station

Knobelaufgaben mit Streichhölzern – Lösungen

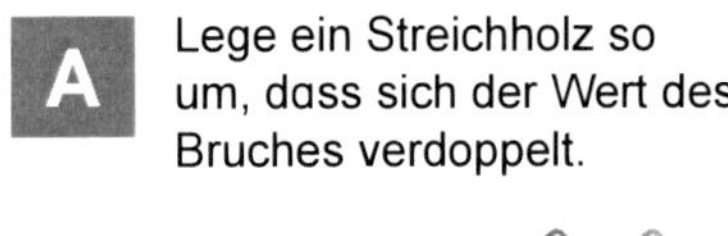

A Lege ein Streichholz so um, dass sich der Wert des Bruches verdoppelt.

Aus $\frac{2}{3}$ machst du $1\frac{1}{3}$.

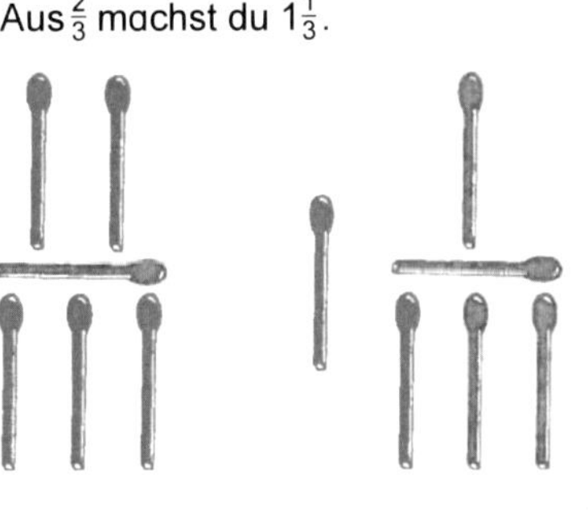

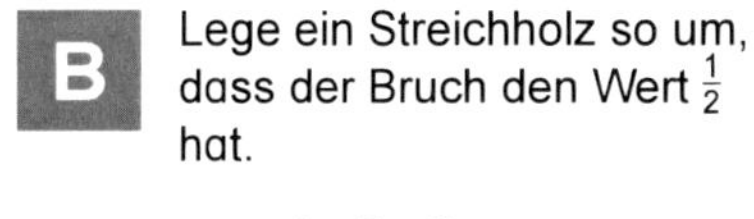

B Lege ein Streichholz so um, dass der Bruch den Wert $\frac{1}{2}$ hat.

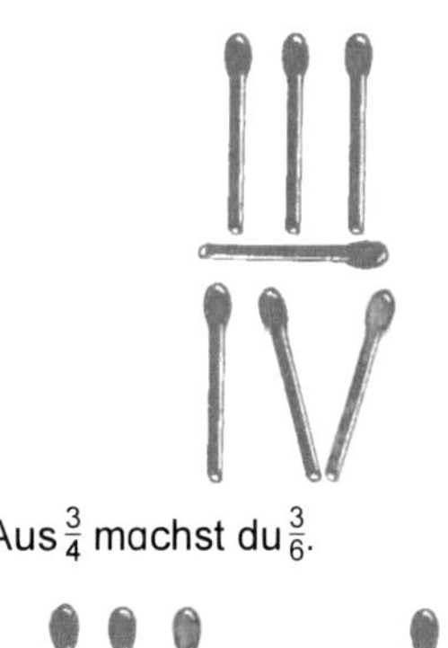

Aus $\frac{3}{4}$ machst du $\frac{3}{6}$.

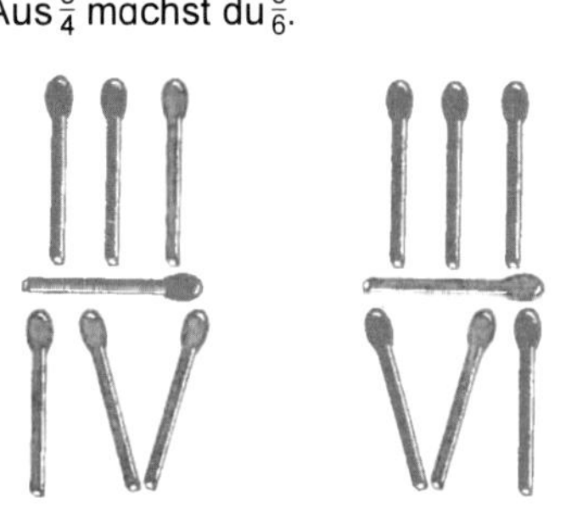

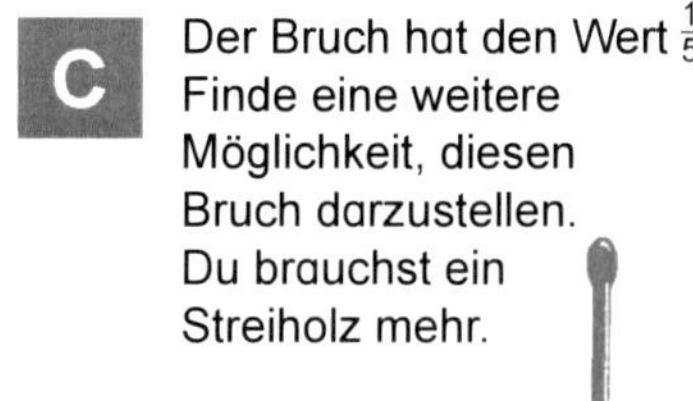

C Der Bruch hat den Wert $\frac{1}{5}$. Finde eine weitere Möglichkeit, diesen Bruch darzustellen. Du brauchst ein Streiholz mehr.

Aus $\frac{1}{5}$ machst du $\frac{2}{10}$.

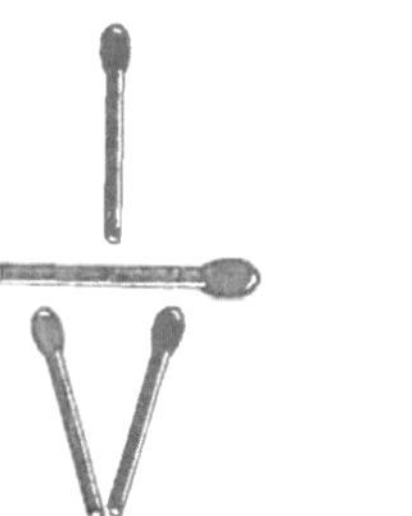

Station

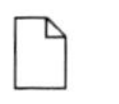

Rechnen mit Klammern 1 – Lösungen

A

$7\frac{13}{20} - (3\frac{2}{5} - 1\frac{1}{3}) = 7\frac{39}{60} - (3\frac{24}{60} - 1\frac{20}{60}) = 7\frac{39}{60} - 2\frac{4}{60} = 5\frac{35}{60} = 5\frac{7}{12}$

B

$7\frac{8}{9} - (1\frac{1}{6} + 2\frac{5}{18}) = 7\frac{16}{18} - (1\frac{3}{18} + 2\frac{5}{18}) = 7\frac{16}{18} - 3\frac{8}{18} = 4\frac{8}{18} = 4\frac{4}{9}$

C

$(1\frac{5}{8} + 4\frac{1}{2}) - (\frac{4}{5} + 3\frac{3}{4}) = (1\frac{25}{40} + 4\frac{20}{40}) - (\frac{32}{40} + 3\frac{30}{40}) = 5\frac{45}{40} - 4\frac{22}{40} = 1\frac{23}{40}$

D

$(6\frac{2}{9} + 2\frac{5}{6}) - (\frac{1}{2} + 2\frac{2}{3}) = (6\frac{4}{18} + 2\frac{15}{18}) - (\frac{9}{18} + 2\frac{12}{18}) = 8\frac{19}{18} - 3\frac{3}{18} = 5\frac{8}{9}$

KOHL VERLAG Stationenlernen Bruchrechnen – Bestell-Nr. 12 002

Station

Zur Auflockerung 5

A

Hier wurden gemischte Zahlen in unechte Brüche umgewandelt. Aber nur eine der sieben Umwandlungen kann richtig sein. Wenn du jetzt noch die entsprechenden Buchstaben aus der oberen Leiste aneinanderreihst, erhältst du ein englisches Lösungswort.

	D	E	H	N	R	U	T
$27\frac{3}{5}$	$\frac{128}{5}$	$\frac{142}{5}$	$\frac{137}{5}$	$\frac{147}{5}$	$\frac{133}{5}$	$\frac{135}{5}$	$\frac{138}{5}$
$16\frac{4}{7}$	$\frac{109}{7}$	$\frac{119}{7}$	$\frac{116}{7}$	$\frac{117}{7}$	$\frac{115}{7}$	$\frac{112}{7}$	$\frac{114}{7}$
$53\frac{1}{3}$	$\frac{170}{3}$	$\frac{128}{3}$	$\frac{165}{3}$	$\frac{165}{3}$	$\frac{167}{3}$	$\frac{160}{3}$	$\frac{157}{3}$
$26\frac{5}{9}$	$\frac{229}{9}$	$\frac{227}{9}$	$\frac{236}{9}$	$\frac{239}{9}$	$\frac{235}{9}$	$\frac{221}{9}$	$\frac{241}{9}$
$41\frac{3}{4}$	$\frac{167}{4}$	$\frac{163}{4}$	$\frac{165}{4}$	$\frac{169}{4}$	$\frac{171}{4}$	$\frac{153}{4}$	$\frac{166}{4}$
$39\frac{5}{6}$	$\frac{293}{6}$	$\frac{239}{6}$	$\frac{237}{6}$	$\frac{241}{6}$	$\frac{249}{6}$	$\frac{271}{6}$	$\frac{231}{6}$
$31\frac{7}{8}$	$\frac{265}{8}$	$\frac{237}{8}$	$\frac{256}{8}$	$\frac{263}{8}$	$\frac{255}{8}$	$\frac{239}{8}$	$\frac{261}{8}$

B

Hier wurden unechte Brüche in gemischte Zahlen umgewandelt. Aber nur eine der sieben Umwandlungen kann richtig sein. Wenn du jetzt noch die entsprechenden Buchstaben aus der oberen Leiste aneinanderreihst, erhältst du ein englisches Lösungswort.

	A	D	E	I	P	R	S
$\frac{117}{4}$	$27\frac{3}{4}$	$29\frac{1}{4}$	$28\frac{3}{4}$	$27\frac{1}{4}$	$25\frac{3}{4}$	$28\frac{1}{4}$	$31\frac{3}{4}$
$\frac{196}{5}$	$38\frac{3}{5}$	$37\frac{4}{5}$	$39\frac{1}{5}$	$41\frac{3}{5}$	$39\frac{3}{5}$	$38\frac{1}{5}$	$34\frac{2}{5}$
$\frac{233}{7}$	$32\frac{3}{7}$	$34\frac{1}{7}$	$35\frac{4}{7}$	$31\frac{2}{7}$	$33\frac{3}{7}$	$34\frac{6}{7}$	$33\frac{2}{7}$
$\frac{313}{8}$	$39\frac{7}{8}$	$38\frac{3}{8}$	$39\frac{3}{8}$	$40\frac{5}{8}$	$39\frac{1}{8}$	$37\frac{5}{8}$	$36\frac{5}{8}$
$\frac{359}{9}$	$39\frac{8}{9}$	$33\frac{7}{9}$	$37\frac{1}{9}$	$39\frac{7}{9}$	$41\frac{1}{9}$	$38\frac{8}{9}$	$37\frac{7}{9}$
$\frac{167}{6}$	$27\frac{1}{6}$	$28\frac{5}{6}$	$26\frac{1}{6}$	$27\frac{5}{6}$	$29\frac{5}{6}$	$25\frac{5}{6}$	$23\frac{1}{6}$
$\frac{124}{3}$	$41\frac{2}{3}$	$43\frac{2}{3}$	$39\frac{2}{3}$	$37\frac{1}{3}$	$39\frac{1}{3}$	$41\frac{1}{3}$	$43\frac{1}{3}$

Station

Rechnen mit Klammern 2

$15\frac{11}{15} - (4\frac{2}{3} + 3\frac{1}{5}) = \qquad - (\qquad + \qquad) = \qquad - \qquad =$

B

$17\frac{5}{12} - (4\frac{1}{2} + 2\frac{5}{6}) = \qquad - (\qquad + \qquad) = \qquad - \qquad =$

C

$(9\frac{1}{3} - 2\frac{3}{4}) + (4\frac{5}{8} + 1\frac{1}{6}) = (\qquad - \qquad) + (\qquad + \qquad) = \qquad + \qquad =$

D

$(6\frac{1}{4} - 1\frac{2}{3}) - (3\frac{5}{6} - 2\frac{1}{2}) = (\qquad - \qquad) - (\qquad - \qquad) = \qquad - \qquad =$

Station

Zur Auflockerung 5 – Lösungen

A

Hier wurden gemischte Zahlen in unechte Brüche umgewandelt. Aber nur eine der sieben Umwandlungen kann richtig sein. Wenn du jetzt noch die entsprechenden Buchstaben aus der oberen Leiste aneinanderreihst, erhältst du ein englisches Lösungswort.

	D	E	H	N	R	U	T	
$27\frac{3}{5}$							$\frac{138}{5}$	T
$16\frac{4}{7}$			$\frac{116}{7}$					H
$53\frac{1}{3}$						$\frac{160}{3}$		U
$26\frac{5}{9}$				$\frac{239}{9}$				N
$41\frac{3}{4}$	$\frac{167}{4}$							D
$39\frac{5}{6}$		$\frac{239}{6}$						E
$31\frac{7}{8}$					$\frac{255}{8}$			R

B

Hier wurden unechte Brüche in gemischte Zahlen umgewandelt. Aber nur eine der sieben Umwandlungen kann richtig sein. Wenn du jetzt noch die entsprechenden Buchstaben aus der oberen Leiste aneinanderreihst, erhältst du ein englisches Lösungswort.

	A	D	E	I	P	R	S	
$\frac{117}{4}$		$29\frac{1}{4}$						D
$\frac{196}{5}$			$39\frac{1}{5}$					E
$\frac{233}{7}$							$33\frac{2}{7}$	S
$\frac{313}{8}$					$39\frac{1}{8}$			P
$\frac{359}{9}$	$39\frac{8}{9}$							A
$\frac{167}{6}$				$27\frac{5}{6}$				I
$\frac{124}{3}$						$41\frac{1}{3}$		R

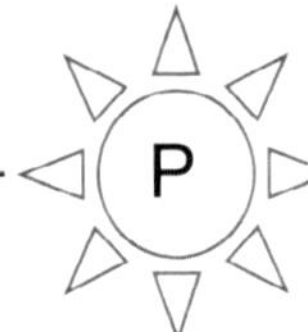

Station

Rechnen mit Klammern 2 – Lösungen

A

$$15\frac{11}{15} - (4\frac{2}{3} + 3\frac{1}{5}) = 15\frac{11}{15} - (4\frac{10}{15} + 3\frac{3}{15}) = 15\frac{11}{15} - 7\frac{13}{15} = 7\frac{13}{15}$$

B

$$17\frac{5}{12} - (4\frac{1}{2} + 2\frac{5}{6}) = 17\frac{5}{12} - (4\frac{6}{12} + 2\frac{10}{12}) = 17\frac{5}{12} - 7\frac{4}{12} = 10\frac{1}{12}$$

C

$$(9\frac{1}{3} - 2\frac{3}{4}) + (4\frac{5}{8} + 1\frac{1}{6}) = (9\frac{16}{48} - 2\frac{36}{48}) + (4\frac{30}{48} + 1\frac{8}{48}) = 6\frac{28}{48} + 5\frac{38}{48} = 12\frac{3}{8}$$

D

$$(6\frac{1}{4} - 1\frac{2}{3}) - (3\frac{5}{6} - 2\frac{1}{2}) = (6\frac{3}{12} - 1\frac{8}{12}) - (3\frac{10}{12} - 2\frac{6}{12}) = 4\frac{7}{12} - 1\frac{4}{12} = 3\frac{1}{4}$$

KOHL VERLAG Stationenlernen Bruchrechnen – Bestell-Nr. 12 002

Station

Einfache Gleichungen mit Brüchen 1

A Welche Bruchzahl musst du für x einsetzen?
Forme die Gleichung nach x um und löse.

$\frac{1}{3} + x = 3\frac{1}{4}$ $\quad x = \underline{\quad\quad} - \underline{\quad\quad}$

$x = \underline{\quad\quad} - \underline{\quad\quad}$

$x = \underline{\quad\quad}$

$x + 1\frac{1}{4} = 4\frac{2}{3}$ $\quad x = \underline{\quad\quad} - \underline{\quad\quad}$

$x = \underline{\quad\quad} - \underline{\quad\quad}$

$x = \underline{\quad\quad}$

B Welche Bruchzahl musst du für x einsetzen?
Forme die Gleichung nach x um und löse.

$x - 2\frac{3}{5} = 4\frac{1}{2}$ $\quad x = \underline{\quad\quad} + \underline{\quad\quad}$

$x = \underline{\quad\quad} + \underline{\quad\quad}$

$x = \underline{\quad\quad}$

$x - 5\frac{1}{3} = 2\frac{8}{9}$ $\quad x = \underline{\quad\quad} + \underline{\quad\quad}$

$x = \underline{\quad\quad} + \underline{\quad\quad}$

$x = \underline{\quad\quad}$

KOHL VERLAG Stationenlernen Bruchrechnen – Bestell-Nr. 12 002

Station

Einfache Gleichungen mit Brüchen 2

A Welche Bruchzahl musst du für x einsetzen?
Forme die Gleichung nach x um und löse.

$8\frac{1}{4} - x = 4\frac{7}{8}$ $\quad x = \underline{\quad\quad} - \underline{\quad\quad}$

$x = \underline{\quad\quad} - \underline{\quad\quad}$

$x = \underline{\quad\quad}$

$5\frac{5}{6} - x = 1\frac{1}{2}$ $\quad x = \underline{\quad\quad} - \underline{\quad\quad}$

$x = \underline{\quad\quad} - \underline{\quad\quad}$

$x = \underline{\quad\quad}$

B Welche Bruchzahl musst du für x einsetzen?
Forme die Gleichung nach x um und löse.

$x + 2\frac{2}{3} = 6\frac{4}{5}$ $\quad x = \underline{\quad\quad} - \underline{\quad\quad}$

$x = \underline{\quad\quad} - \underline{\quad\quad}$

$x = \underline{\quad\quad}$

$x - 4\frac{3}{4} = 3\frac{5}{7}$ $\quad x = \underline{\quad\quad} + \underline{\quad\quad}$

$x = \underline{\quad\quad} + \underline{\quad\quad}$

$x = \underline{\quad\quad}$

KOHL VERLAG Stationenlernen Bruchrechnen – Bestell-Nr. 12 002

Station

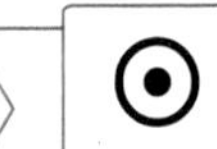

Einfache Gleichungen mit Brüchen 1 – Lösungen

A

Welche Bruchzahl musst du für x einsetzen?
Forme die Gleichung nach x um und löse.

$\frac{1}{3} + x = 3\frac{1}{4}$

$x = 3\frac{1}{4} - \frac{1}{3}$

$x = 3\frac{3}{12} - \frac{4}{12}$

$x = 2\frac{11}{12}$

$x + 1\frac{1}{4} = 4\frac{2}{3}$

$x = 4\frac{2}{3} - 1\frac{1}{4}$

$x = 4\frac{8}{12} - 1\frac{3}{12}$

$x = 3\frac{5}{12}$

B

Welche Bruchzahl musst du für x einsetzen?
Forme die Gleichung nach x um und löse.

$x - 2\frac{3}{5} = 4\frac{1}{2}$

$x = 4\frac{1}{2} + 2\frac{3}{5}$

$x = 4\frac{5}{10} + 2\frac{6}{10}$

$x = 7\frac{1}{10}$

$x - 5\frac{1}{3} = 2\frac{8}{9}$

$x = 2\frac{8}{9} + 5\frac{1}{3}$

$x = 2\frac{8}{9} + 5\frac{3}{9}$

$x = 8\frac{2}{9}$

Station

Einfache Gleichungen mit Brüchen 2 – Lösungen

A

Welche Bruchzahl musst du für x einsetzen?
Forme die Gleichung nach x um und löse.

$8\frac{1}{4} - x = 4\frac{7}{8}$

$x = 8\frac{1}{4} - 4\frac{7}{8}$

$x = 8\frac{2}{8} - 4\frac{7}{8}$

$x = 3\frac{3}{8}$

$5\frac{5}{6} - x = 1\frac{1}{2}$

$x = 5\frac{5}{6} - 1\frac{1}{2}$

$x = 5\frac{5}{6} - 1\frac{3}{6}$

$x = 4\frac{1}{3}$

B

Welche Bruchzahl musst du für x einsetzen?
Forme die Gleichung nach x um und löse.

$x + 2\frac{2}{3} = 6\frac{4}{5}$

$x = 6\frac{4}{5} - 2\frac{2}{3}$

$x = 6\frac{12}{15} - 2\frac{10}{15}$

$x = 4\frac{2}{15}$

$x - 4\frac{3}{4} = 3\frac{5}{7}$

$x = 3\frac{5}{7} + 4\frac{3}{4}$

$x = 3\frac{20}{28} + 4\frac{21}{28}$

$x = 8\frac{13}{28}$

Station

Einfache Gleichungen mit Brüchen 3

A

Welche Bruchzahl musst du für x einsetzen?
Forme die Gleichung nach x um und löse.

$\frac{2}{3} \cdot x = \frac{6}{15}$ $x = \_\_ : \_\_$

$x = \_\_ \cdot \_\_$

$x = \_\_$

$x \cdot 4\frac{3}{5} = 6\frac{9}{10}$ $x = \_\_ : \_\_$

$x = \_\_ : \_\_ = \_\_ \cdot \_\_$

$x = \_\_$

B

Welche Bruchzahl musst du für x einsetzen?
Forme die Gleichung nach x um und löse.

$x : 2\frac{1}{2} = 3\frac{1}{10}$ $x = \_\_ \cdot \_\_$

$x = \_\_ \cdot \_\_$

$x = \_\_$

$x : 2\frac{3}{4} = \frac{10}{33}$ $x = \_\_ \cdot \_\_$

$x = \_\_ \cdot \_\_$

$x = \_\_$

KOHL VERLAG Stationenlernen Bruchrechnen – Bestell-Nr. 12 002

Station

Einfache Gleichungen mit Brüchen 4

A

Welche Bruchzahl musst du für x einsetzen?
Forme die Gleichung nach x um und löse.

$\frac{2}{7} \cdot x = \frac{8}{35}$ $x = \_\_ : \_\_$

$x = \_\_ \cdot \_\_$

$x = \_\_$

$x \cdot 2\frac{1}{2} = 4\frac{3}{8}$ $x = \_\_ : \_\_$

$x = \_\_ : \_\_ = \_\_ \cdot \_\_$

$x = \_\_$

B

Welche Bruchzahl musst du für x einsetzen?
Forme die Gleichung nach x um und löse.

$x : \frac{5}{8} = 1\frac{1}{5}$ $x = \_\_ \cdot \_\_$

$x = \_\_ \cdot \_\_$

$x = \_\_$

$\frac{13}{15} : x = 1\frac{1}{12}$ $x = \_\_ : \_\_$

$x = \_\_ : \_\_ = \_\_ \cdot \_\_$

$x = \_\_$

KOHL VERLAG Stationenlernen Bruchrechnen – Bestell-Nr. 12 002

Station

Einfache Gleichungen mit Brüchen 3 – Lösungen

A Welche Bruchzahl musst du für x einsetzen? Forme die Gleichung nach x um und löse.

$\frac{2}{3} \cdot x = \frac{6}{15}$

$x = \frac{6}{15} : \frac{2}{3}$

$x = \frac{6}{15} \cdot \frac{3}{2}$

$x = \frac{3}{5}$

$x \cdot 4\frac{3}{5} = 6\frac{9}{10}$

$x = 6\frac{9}{10} : 4\frac{3}{5}$

$x = \frac{69}{10} : \frac{23}{5} = \frac{69}{10} \cdot \frac{5}{23}$

$x = 1\frac{1}{2}$

B Welche Bruchzahl musst du für x einsetzen? Forme die Gleichung nach x um und löse.

$x : 2\frac{1}{2} = 3\frac{1}{10}$

$x = 3\frac{1}{10} \cdot 2\frac{1}{2}$

$x = \frac{31}{10} \cdot \frac{5}{2}$

$x = 7\frac{3}{4}$

$x : 2\frac{3}{4} = \frac{10}{33}$

$x = \frac{10}{33} \cdot 2\frac{3}{4}$

$x = \frac{10}{33} \cdot \frac{11}{4}$

$x = \frac{5}{6}$

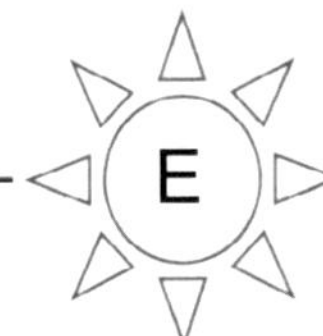

Station

Einfache Gleichungen mit Brüchen 4 – Lösungen

A Welche Bruchzahl musst du für x einsetzen? Forme die Gleichung nach x um und löse.

$\frac{2}{7} \cdot x = \frac{8}{35}$

$x = \frac{8}{35} : \frac{2}{7}$

$x = \frac{8}{35} \cdot \frac{7}{2}$

$x = \frac{4}{5}$

$x \cdot 2\frac{1}{2} = 4\frac{3}{8}$

$x = 4\frac{3}{8} : 2\frac{1}{2}$

$x = \frac{35}{8} : \frac{5}{2} = \frac{35}{8} \cdot \frac{2}{5}$

$x = 1\frac{3}{4}$

B Welche Bruchzahl musst du für x einsetzen? Forme die Gleichung nach x um und löse.

$x : \frac{5}{8} = 1\frac{1}{5}$

$x = 1\frac{1}{5} \cdot \frac{5}{8}$

$x = \frac{6}{5} \cdot \frac{5}{8}$

$x = \frac{3}{4}$

$\frac{13}{15} : x = 1\frac{1}{12}$

$x = \frac{13}{15} : 1\frac{1}{12}$

$x = \frac{13}{15} : \frac{13}{12} = \frac{13}{15} \cdot \frac{12}{13}$

$x = \frac{4}{5}$

E

Station

Rechnen mit Klammern 3

!

Berechnet. Es gelten dieselben Rechenregeln wie bei den natürlichen Zahlen.

A $1\frac{1}{4} \cdot (3 + 2\frac{1}{3}) = \quad \cdot \quad = \quad \cdot \quad = \quad \cdot \quad = \quad =$

B $7\frac{1}{2} : (4 - 1\frac{2}{3}) = \quad : \quad = \quad : \quad = \quad \cdot \quad = \quad =$

C $2\frac{1}{3} \cdot (2 + 1\frac{3}{4}) = \quad \cdot \quad = \quad \cdot \quad = \quad \cdot \quad = \quad =$

D $4\frac{1}{3} : (3 - 1\frac{3}{8}) = \quad : \quad = \quad : \quad = \quad \cdot \quad = \quad =$

E $3\frac{5}{6} \cdot (6 - 4\frac{2}{3}) = \quad \cdot \quad = \quad \cdot \quad = \quad \cdot \quad = \quad =$

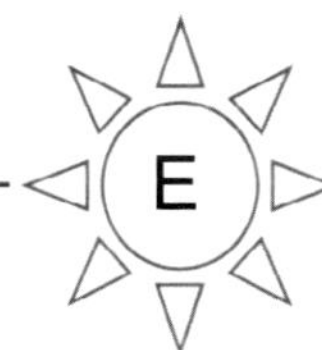

E

Station

Rechnen mit Klammern 4

Berechnet. Es gelten dieselben Rechenregeln wie bei den natürlichen Zahlen.

A $1\frac{3}{5} \cdot (1 + 4\frac{1}{2}) = \quad \cdot \quad = \quad \cdot \quad = \quad \cdot \quad = \quad =$

B $9\frac{3}{4} : (5 - 2\frac{3}{8}) = \quad : \quad = \quad \cdot \quad = \quad \cdot \quad = \quad =$

C $1\frac{3}{7} \cdot (8 - 3\frac{1}{3}) = \quad \cdot \quad = \quad \cdot \quad = \quad \cdot \quad = \quad =$

D $6\frac{1}{2} : (5 - 3\frac{5}{6}) = \quad : \quad = \quad \cdot \quad = \quad \cdot \quad = \quad =$

E $2\frac{5}{8} \cdot (8 - 6\frac{5}{6}) = \quad \cdot \quad = \quad \cdot \quad = \quad \cdot \quad = \quad =$

Station

Rechnen mit Klammern 3 – Lösungen

Berechnet. Es gelten dieselben Rechenregeln wie bei den natürlichen Zahlen.

A $1\frac{1}{4} \cdot (3 + 2\frac{1}{3}) = 1\frac{1}{4} \cdot 5\frac{1}{3} = \frac{5}{4} \cdot \frac{16}{3} = \frac{5}{1} \cdot \frac{4}{3} = \frac{20}{3} = 6\frac{2}{3}$

B $7\frac{1}{2} : (4 - 1\frac{2}{3}) = 7\frac{1}{2} : 2\frac{1}{3} = \frac{15}{2} : \frac{7}{3} = \frac{15}{2} \cdot \frac{3}{7} = \frac{45}{14} = 3\frac{3}{14}$

C $2\frac{1}{3} \cdot (2 + 1\frac{3}{4}) = 2\frac{1}{3} \cdot 3\frac{3}{4} = \frac{7}{3} \cdot \frac{15}{4} = \frac{7}{1} \cdot \frac{5}{4} = \frac{35}{4} = 8\frac{3}{4}$

D $4\frac{1}{3} : (3 - 1\frac{3}{8}) = 4\frac{1}{3} : 1\frac{5}{8} = \frac{13}{3} : \frac{13}{8} = \frac{13}{3} \cdot \frac{8}{13} = \frac{8}{3} = 2\frac{2}{3}$

E $3\frac{5}{6} \cdot (6 - 4\frac{2}{3}) = 3\frac{5}{6} \cdot 1\frac{1}{3} = \frac{23}{6} \cdot \frac{4}{3} = \frac{23}{3} \cdot \frac{2}{3} = \frac{46}{9} = 5\frac{1}{9}$

KOHL VERLAG Stationenlernen Bruchrechnen – Bestell-Nr. 12 002

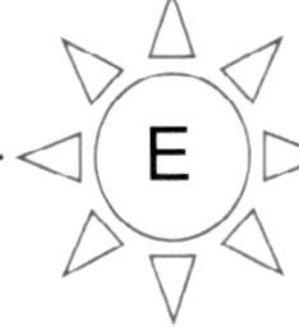

Station

Rechnen mit Klammern 4 – Lösungen

Berechnet. Es gelten dieselben Rechenregeln wie bei den natürlichen Zahlen.

A $1\frac{3}{5} \cdot (1 + 4\frac{1}{2}) = 1\frac{3}{5} \cdot 5\frac{1}{2} = \frac{8}{5} \cdot \frac{11}{2} = \frac{4}{5} \cdot \frac{11}{1} = \frac{44}{5} = 8\frac{4}{5}$

B $9\frac{3}{4} : (5 - 2\frac{3}{8}) = 9\frac{3}{4} : 2\frac{5}{8} = \frac{39}{14} \cdot \frac{8}{21} = \frac{13}{1} \cdot \frac{2}{7} = \frac{26}{7} = 3\frac{5}{7}$

C $1\frac{3}{7} \cdot (8 - 3\frac{1}{3}) = 1\frac{3}{7} \cdot 4\frac{2}{3} = \frac{10}{7} \cdot \frac{14}{3} = \frac{10}{1} \cdot \frac{2}{3} = \frac{20}{3} = 6\frac{2}{3}$

D $6\frac{1}{2} : (5 - 3\frac{5}{6}) = 6\frac{1}{2} : 1\frac{1}{6} = \frac{13}{2} \cdot \frac{7}{6} = \frac{13}{2} \cdot \frac{6}{7} = \frac{39}{7} = 5\frac{4}{7}$

E $2\frac{5}{8} \cdot (8 - 6\frac{5}{6}) = 2\frac{5}{8} \cdot 1\frac{1}{6} = \frac{21}{8} \cdot \frac{7}{6} = \frac{7}{8} \cdot \frac{7}{2} = \frac{49}{16} = 3\frac{1}{16}$

KOHL VERLAG Stationenlernen Bruchrechnen – Bestell-Nr. 12 002

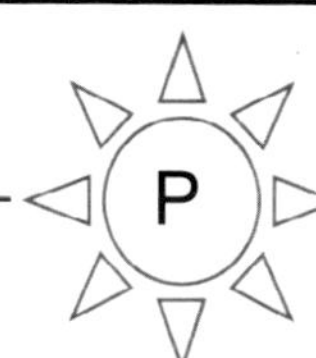

Station

!

Rechnen mit Klammern 5

Berechnet. Es gelten dieselben Rechenregeln wie bei den natürlichen Zahlen.

A $\left(\frac{3}{4}+\frac{3}{5}\right)\cdot\frac{2}{3} = (\quad + \quad)\cdot \quad = \quad \cdot \quad =$

B $\left(\frac{7}{8}-\frac{1}{3}\right)\cdot\frac{4}{5} = (\quad - \quad)\cdot \quad = \quad \cdot \quad =$

C $\left(\frac{5}{6}+\frac{1}{2}\right):\frac{5}{6} = (\quad + \quad): \quad = \quad \cdot \quad = \quad =$

D $\left(\frac{5}{9}+\frac{5}{6}\right)\cdot\frac{4}{5} = (\quad + \quad): \quad = \quad \cdot \quad = \quad =$

E $\left(1\frac{1}{2}-\frac{3}{8}\right)\cdot\frac{4}{7} = (\quad - \quad)\cdot \quad = \quad \cdot \quad =$

F $\left(\frac{3}{10}+\frac{5}{9}\right):\frac{11}{18} = (\quad + \quad): \quad = \quad \cdot \quad = \quad =$

Stationenlernen Bruchrechnen – Bestell-Nr. 12 002
KOHL VERLAG

P

Station

Rechnen mit Klammern 6

Berechnet. Es gelten dieselben Rechenregeln wie bei den natürlichen Zahlen.

A $\left(\frac{3}{5}+2\frac{3}{4}\right)\cdot 1\frac{1}{3} = (\quad + \quad)\cdot \quad = \quad \cdot \quad = \quad =$

B $\left(2\frac{7}{8}-1\frac{1}{4}\right)\cdot 2\frac{2}{9} = (\quad - \quad)\cdot \quad = \quad \cdot \quad = \quad =$

C $\left(2\frac{7}{10}+1\frac{4}{5}\right):\frac{5}{6} = (\quad + \quad): \quad = \quad \cdot \quad = \quad =$

D $\left(4\frac{1}{2}-2\frac{3}{5}\right)\cdot 3\frac{3}{4} = (\quad - \quad)\cdot \quad = \quad \cdot \quad = \quad =$

E $\left(\frac{7}{8}+1\frac{5}{6}\right)\cdot 2\frac{2}{3} = (\quad + \quad)\cdot \quad = \quad \cdot \quad = \quad =$

F $\left(2\frac{5}{12}+1\frac{1}{6}\right):\frac{5}{8} = (\quad + \quad): \quad = \quad \cdot \quad = \quad =$

Stationenlernen Bruchrechnen – Bestell-Nr. 12 002
KOHL VERLAG

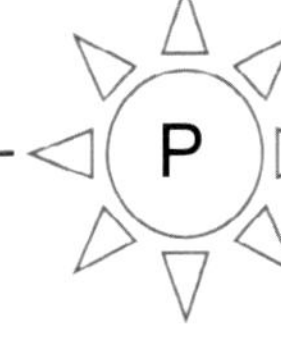

Station

Rechnen mit Klammern 5 – Lösungen

Berechnet. Es gelten dieselben Rechenregeln wie bei den natürlichen Zahlen.

A $\left(\frac{3}{4}+\frac{3}{5}\right)\cdot\frac{2}{3}=\left(\frac{15}{20}+\frac{12}{20}\right)\cdot\frac{2}{3}=\frac{27}{20}\cdot\frac{2}{3}=\frac{9}{10}$

B $\left(\frac{7}{8}-\frac{1}{3}\right)\cdot\frac{4}{5}=\left(\frac{21}{24}-\frac{8}{24}\right)\cdot\frac{4}{5}=\frac{13}{24}\cdot\frac{4}{5}=\frac{13}{30}$

C $\left(\frac{5}{6}+\frac{1}{2}\right):\frac{5}{6}=\left(\frac{10}{12}+\frac{6}{12}\right):\frac{5}{6}=\frac{16}{12}\cdot\frac{6}{5}=\frac{8}{5}=1\frac{3}{5}$

D $\left(\frac{5}{9}+\frac{5}{6}\right)\cdot\frac{4}{5}=\left(\frac{10}{18}+\frac{15}{18}\right):\frac{4}{5}=\frac{25}{18}\cdot\frac{4}{5}=\frac{10}{9}=1\frac{1}{9}$

E $\left(1\frac{1}{2}-\frac{3}{8}\right)\cdot\frac{4}{7}=\left(\frac{12}{8}-\frac{3}{8}\right)\cdot\frac{4}{7}=\frac{9}{8}\cdot\frac{4}{7}=\frac{9}{14}$

F $\left(\frac{3}{10}+\frac{5}{9}\right):\frac{11}{18}=\left(\frac{27}{90}+\frac{50}{90}\right):\frac{11}{18}=\frac{77}{90}\cdot\frac{18}{11}=\frac{7}{5}=1\frac{2}{5}$

KOHL VERLAG Stationenlernen Bruchrechnen – Bestell-Nr. 12 002

Station

Rechnen mit Klammern 6 – Lösungen

Berechnet. Es gelten dieselben Rechenregeln wie bei den natürlichen Zahlen.

A $\left(\frac{3}{5}+2\frac{3}{4}\right)\cdot1\frac{1}{3}=\left(\frac{12}{20}+\frac{55}{20}\right)\cdot\frac{4}{3}=\frac{67}{20}\cdot\frac{4}{3}=\frac{67}{15}=4\frac{7}{15}$

B $\left(2\frac{7}{8}-1\frac{1}{4}\right)\cdot2\frac{2}{9}=\left(\frac{23}{8}-\frac{10}{8}\right)\cdot\frac{20}{9}=\frac{13}{8}\cdot\frac{20}{9}=\frac{65}{18}=3\frac{11}{18}$

C $\left(2\frac{7}{10}+1\frac{4}{5}\right):\frac{5}{6}=\left(\frac{27}{10}+\frac{18}{10}\right):\frac{5}{6}=\frac{45}{10}\cdot\frac{6}{5}=\frac{27}{5}=5\frac{2}{5}$

D $\left(4\frac{1}{2}-2\frac{3}{5}\right)\cdot3\frac{3}{4}=\left(\frac{45}{10}-\frac{26}{10}\right)\cdot\frac{15}{4}=\frac{19}{10}\cdot\frac{15}{4}=\frac{57}{8}=7\frac{1}{8}$

E $\left(\frac{7}{8}+1\frac{5}{6}\right)\cdot2\frac{2}{3}=\left(\frac{21}{24}+\frac{44}{24}\right)\cdot\frac{8}{3}=\frac{65}{24}\cdot\frac{8}{3}=\frac{65}{9}=7\frac{2}{9}$

F $\left(2\frac{5}{12}+1\frac{1}{6}\right):\frac{5}{8}=\left(\frac{58}{24}+\frac{28}{24}\right):\frac{5}{8}=\frac{86}{24}\cdot\frac{8}{5}=\frac{86}{15}=5\frac{11}{15}$

KOHL VERLAG Stationenlernen Bruchrechnen – Bestell-Nr. 12 002

Station

Punkt- vor Strichrechnung

Berechnet. Es gelten dieselben Rechenregeln wie bei den natürlichen Zahlen.

A $1\frac{1}{4} \cdot 3 + 4\frac{1}{2} = \quad \cdot \quad + \quad = \quad + \quad = \quad + \quad = \quad =$

B $2\frac{5}{8} + 3\frac{1}{2} \cdot 2\frac{3}{4} = \quad + \quad \cdot \quad = \quad + \quad = \quad = \quad =$

C $(\frac{2}{5} \cdot 1\frac{7}{8} + 1\frac{1}{4}) : \frac{4}{5} = (\quad \cdot \quad + \quad) \cdot \quad = (\quad + \quad) \cdot \quad = \quad \cdot \quad =$

D $\frac{3}{10} \cdot \frac{5}{9} + \frac{7}{8} \cdot \frac{16}{21} = \quad \cdot \quad + \quad \cdot \quad = \quad + \quad = \quad + \quad =$

E $\frac{7}{8} + 1\frac{1}{2} \cdot \frac{3}{8} - \frac{15}{16} = \quad + \quad \cdot \quad - \quad = \quad + \quad - \quad = \quad + \quad - \quad =$

KOHL VERLAG Stationenlernen Bruchrechnen – Bestell-Nr. 12 002

Station

Vorteilhaftes Rechnen

Das Vertauschungs-. Verbindungs- und Verteilungsgesetz bei natürlichen Zahlen gilt auch für Brüche und kann dir helfen vorteilhaft – und damit schneller – zu rechnen. Also: Rechne geschickt!

A $\frac{5}{12} + \frac{5}{14} + \frac{1}{12} = \quad + \quad + \quad = \quad + \quad = \quad + \quad = \quad + \quad = \quad =$

B $\frac{3}{5} \cdot (\frac{1}{2} + \frac{3}{4}) = \quad \cdot \quad + \quad \cdot \quad = \quad + \quad = \quad + \quad = \quad =$

C $8 \cdot (\frac{3}{4} + \frac{1}{8}) = \quad \cdot \quad + \quad \cdot \quad = \quad + \quad =$

D $\frac{23}{7} : \frac{3}{5} - \frac{5}{7} : \frac{3}{5} = (\quad - \quad) : \quad = \quad \cdot \quad = \quad \cdot \quad = \quad =$

E $4\frac{3}{4} \cdot \frac{11}{14} + \frac{1}{2} \cdot \frac{11}{14} + 5\frac{1}{4} \cdot \frac{11}{14} = (\quad + \quad + \quad) \cdot \quad = \quad \cdot \quad = \quad =$

KOHL VERLAG Stationenlernen Bruchrechnen – Bestell-Nr. 12 002

Station

Punkt- vor Strichrechnung – Lösungen

Berechnet. Es gelten dieselben Rechenregeln wie bei den natürlichen Zahlen.

A $1\frac{1}{4} \cdot 3 + 4\frac{1}{2} = \frac{5}{4} \cdot \frac{3}{1} + 4\frac{1}{2} = \frac{15}{4} + \frac{9}{2} = \frac{15}{4} + \frac{18}{4} = \frac{33}{4} = 8\frac{1}{4}$

B $2\frac{5}{8} + 3\frac{1}{2} \cdot 2\frac{3}{4} = 2\frac{5}{8} + \frac{7}{2} \cdot \frac{11}{4} = \frac{21}{8} + \frac{77}{8} = \frac{98}{8} = \frac{49}{4} = 12\frac{1}{4}$

C $(\frac{2}{5} \cdot 1\frac{7}{8} + 1\frac{1}{4}) : \frac{4}{5} = (\frac{2}{5} \cdot \frac{15}{8} + \frac{5}{4}) \cdot \frac{5}{4} = (\frac{3}{4} + \frac{5}{4}) \cdot \frac{5}{4} = 2 \cdot \frac{5}{4} = 2\frac{1}{2}$

D $\frac{3}{10} \cdot \frac{5}{9} + \frac{7}{8} \cdot \frac{16}{21} = \frac{1}{2} \cdot \frac{1}{3} + \frac{1}{1} \cdot \frac{2}{3} = \frac{1}{6} + \frac{2}{3} = \frac{1}{6} + \frac{4}{6} = \frac{5}{6}$

E $\frac{7}{8} + 1\frac{1}{2} \cdot \frac{3}{8} - \frac{15}{16} = \frac{7}{8} + \frac{3}{2} \cdot \frac{3}{8} - \frac{15}{16} = \frac{7}{8} + \frac{9}{16} - \frac{15}{16} = \frac{14}{16} + \frac{9}{16} - \frac{15}{16} = \frac{1}{2}$

Station

Vorteilhaftes Rechnen – Lösungen

Das Vertauschungs-, Verbindungs- und Verteilungsgesetz bei natürlichen Zahlen gilt auch für Brüche und kann dir helfen vorteilhaft – und damit schneller – zu rechnen. Also: Rechne geschickt!

A $\frac{5}{12} + \frac{5}{14} + \frac{1}{12} = \frac{5}{12} + \frac{1}{12} + \frac{5}{14} = \frac{6}{12} + \frac{5}{14} = \frac{1}{2} + \frac{5}{14} = \frac{7}{14} + \frac{5}{14} = \frac{12}{14} = \frac{6}{7}$

B $\frac{3}{5} \cdot (\frac{1}{2} + \frac{3}{4}) = \frac{3}{5} \cdot \frac{1}{2} + \frac{3}{5} \cdot \frac{3}{4} = \frac{3}{10} + \frac{9}{20} = \frac{6}{20} + \frac{9}{20} = \frac{15}{20} = \frac{3}{4}$

C $8 \cdot (\frac{3}{4} + \frac{1}{8}) = 8 \cdot \frac{3}{4} + 8 \cdot \frac{1}{8} = 6 + 1 = 7$

D $\frac{23}{7} : \frac{3}{5} - \frac{5}{7} : \frac{3}{5} = (\frac{23}{7} - \frac{5}{7}) : \frac{3}{5} = \frac{18}{7} \cdot \frac{5}{3} = \frac{6}{7} \cdot \frac{5}{1} = \frac{30}{7} = 4\frac{2}{7}$

E $4\frac{3}{4} \cdot \frac{11}{14} + \frac{1}{2} \cdot \frac{11}{14} + 5\frac{1}{4} \cdot \frac{11}{14} = (4\frac{3}{4} + 5\frac{1}{4} + \frac{1}{2}) \cdot \frac{11}{14} = \frac{21}{2} \cdot \frac{11}{14} = \frac{33}{4} = 8\frac{1}{4}$

Station

Textaufgaben 1

A Der Lastkraftwagen von Harry Bleifoot hat ein zulässiges Gesamtgewicht von $14\frac{1}{2}$ t. Leer wiegt der Lkw $5\frac{3}{8}$ t. Wie viel Tonnen kann Harry dann noch laden?

B Heiner Kaaskopp verkaufte nacheinander von seinem 15 kg schweren Leerdamer $\frac{3}{4}$ kg, $\frac{2}{5}$ kg, $\frac{3}{8}$ kg, $1\frac{1}{2}$ kg und $\frac{7}{8}$ kg. Wie viel wiegt sein Leerdamer Käselaib jetzt noch?

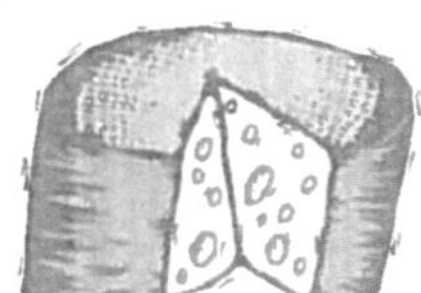

C Die Wandertruppe „Stramme Wade“ spaziert auf einem Rundweg von $18\frac{3}{4}$ km. $12\frac{1}{5}$ km hat sie schon zurückgelegt. Wie viel km muss sie noch wandern?

KOHL VERLAG Stationenlernen Bruchrechnen – Bestell-Nr. 12 002

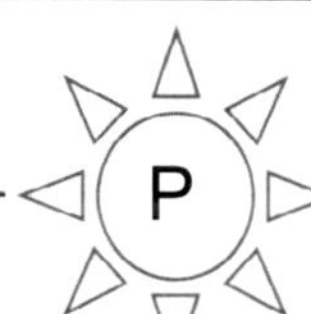

Station

Textaufgaben 2

A Malermeister Paintfix mischt $5\frac{1}{2}$ l Farbe mit $1\frac{3}{4}$ l Wasser. Wie viel Liter verdünnte Farbe erhält er?

B Metzgermeister G. Hacktes verkaufte Frau Boilfix $1\frac{1}{4}$ kg argentinischen Rinderbraten. Als Frau Boilfix das Essen auf den Tisch brachte, wog der Braten nur noch $\frac{7}{8}$ kg. Wie viel g verdunsteten beim Schmoren?

C Der Intercity „Rasende Schnecke“ braucht normalerweise für die Strecke Untersausen – Obersausen $4\frac{1}{4}$ h. Heute hatte er sich verspätet und legte die Strecke in $5\frac{1}{6}$ h zurück. Über wieviele Minuten Verspätung konnten sich die Zugreisenden beklagen?

KOHL VERLAG Stationenlernen Bruchrechnen – Bestell-Nr. 12 002

Station

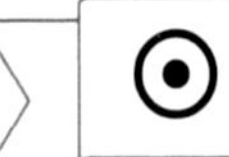

Textaufgaben 1 – Lösungen

A Der Lastkraftwagen von Harry Bleifoot hat ein zulässiges Gesamtgewicht von $14\frac{1}{2}$ t. Leer wiegt der Lkw $5\frac{3}{8}$ t. Wie viel Tonnen kann Harry dann noch laden?

$14\frac{1}{2} - 5\frac{3}{8} = 14\frac{4}{8} - 5\frac{3}{8} = 9\frac{1}{8}$

Harry Bleifoot kann noch $9\frac{1}{8}$ t zuladen. Das sind übrigens 9125 kg.

B Heiner Kaaskopp verkaufte nacheinander von seinem 15 kg schweren Leerdamer $\frac{3}{4}$ kg, $\frac{2}{5}$ kg, $\frac{3}{8}$ kg, $1\frac{1}{2}$ kg und $\frac{7}{8}$ kg. Wie viel wiegt sein Leerdamer Käselaib jetzt noch?

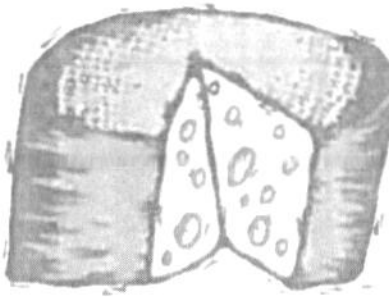

$15 - \frac{3}{4} - \frac{2}{5} - \frac{3}{8} - 1\frac{1}{2} - \frac{7}{8} =$

$15 - \frac{30}{40} - \frac{16}{40} - \frac{15}{40} - 1\frac{20}{40} - \frac{35}{40} =$

$15 - 1\frac{116}{40} = 15 - 3\frac{36}{40} =$

$14\frac{40}{40} - 3\frac{36}{40} = 11\frac{1}{10}$

Sein Käselaib wiegt noch $11\frac{1}{10}$ kg oder 11,1 kg.

C Die Wandertruppe „Stramme Wade“ spaziert auf einem Rundweg von $18\frac{3}{4}$ km. $12\frac{1}{5}$ km hat sie schon zurückgelegt. Wie viel km muss sie noch wandern?

$18\frac{3}{4} - 12\frac{1}{5} = 18\frac{15}{20} - 12\frac{4}{20} = 6\frac{11}{20}$

Die Wandertruppe muss noch $6\frac{11}{20}$ km zurücklegen. Das sind immerhin 6550 m.

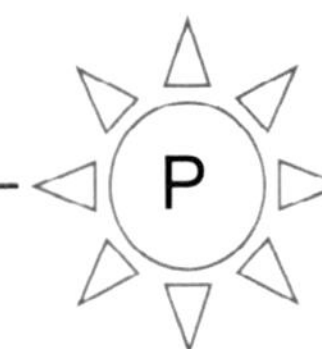

Station

Textaufgaben 2 – Lösungen

A Malermeister Paintfix mischt $5\frac{1}{2}$ l Farbe mit $1\frac{3}{4}$ l Wasser. Wie viel Liter verdünnte Farbe erhält er?

$5\frac{1}{2} + 1\frac{3}{4} = 5\frac{2}{4} + 1\frac{3}{4} = 7\frac{1}{4}$

Er erhält $7\frac{1}{4}$ l verdünnte Farbe, das sind 7250ml.

B Metzgermeister G. Hacktes verkaufte Frau Boilfix $1\frac{1}{4}$ kg argentinischen Rinderbraten. Als Frau Boilfix das Essen auf den Tisch brachte, wog der Braten nur noch $\frac{7}{8}$ kg. Wie viel g verdunsteten beim Schmoren?

$1\frac{1}{4} - \frac{7}{8} = 1\frac{2}{8} - \frac{7}{8} = \frac{3}{8}$

Der Braten verlor beim Schmoren $\frac{3}{8}$ kg, das sind 375 g.

C Der Intercity „Rasende Schnecke“ braucht normalerweise für die Strecke Untersausen – Obersausen $4\frac{1}{4}$ h. Heute hatte er sich verspätet und legte die Strecke in $5\frac{1}{6}$ h zurück. Über wieviele Minuten Verspätung konnten sich die Zugreisenden beklagen?

$5\frac{1}{6} - 4\frac{1}{4} = 5\frac{2}{12} - 4\frac{3}{12} = \frac{11}{12}$

Das sind $\frac{11}{12}$ h oder 55 Minuten Verspätung.

KOHL VERLAG Stationenlernen Bruchrechnen – Bestell-Nr. 12 002

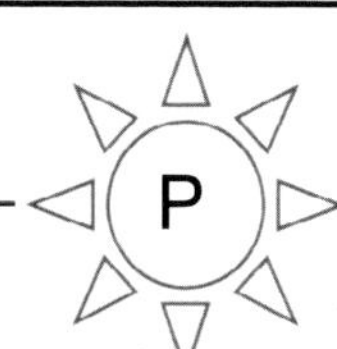

Station

Textaufgaben 3

A Goldgräber Manni Caught wusch an einem Tag einmal $5\frac{1}{4}$ Unzen, $3\frac{1}{7}$ Unzen und $8\frac{1}{2}$ Unzen Gold aus. Wie viel g Gold waren das (1 Unze Gold ≈ 28 g)?

B Der Koch Eddi Bratfix hat 4 l Milch im Kühlschrank. $1\frac{1}{4}$ l braucht er zum Pudding kochen, $\frac{7}{8}$ l für die Zubereitung des Kartoffelpürees, $\frac{7}{10}$ l für Crepes, den Rest verarbeitet er zu Kakao. Wie viel l sind das?

C Ein Auto ist $4\frac{1}{4}$ m lang, der Wohnwagen $6\frac{3}{5}$ m. Wie lang sind die beiden Gefährte zusammen?

Stationenlernen Bruchrechnen – Bestell-Nr. 12 002

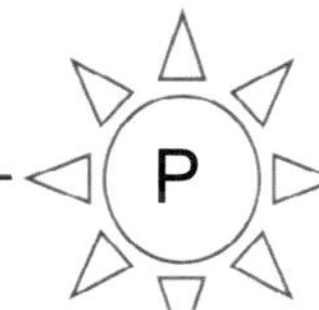

Station

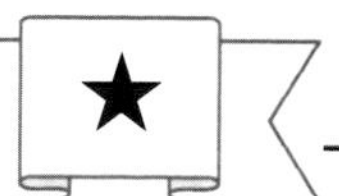

Textaufgaben 4

A Bauer Q. Fladen hat $38\frac{1}{5}$ ha Ackerland, $12\frac{1}{4}$ ha Weide, $8\frac{1}{2}$ ha Wald und $5\frac{3}{10}$ ha Gartenland. Wie viel m^2 Fläche umfasst sein Besitz?

B Jörn Palavers Quizshow „Hau den Millionär" wird durch drei Werbeblöcke von $2\frac{1}{2}$ Minuten, $3\frac{1}{4}$ Minuten und $4\frac{1}{5}$ Minuten unterbrochen. Wie viele Sekunden dauert die Werbung insgesamt?

C Frau Shopping-Bag kaufte bei Oldie $7\frac{1}{2}$ kg Kartoffeln, $\frac{3}{4}$ kg Zwiebeln, $1\frac{2}{5}$ kg Orangen, 1 Kiste Äpfel zu $4\frac{1}{2}$ kg und $1\frac{1}{4}$ kg Möhren. Welche Last schob sie in ihrem Einkaufswagen vor sich her?

Stationenlernen Bruchrechnen – Bestell-Nr. 12 002

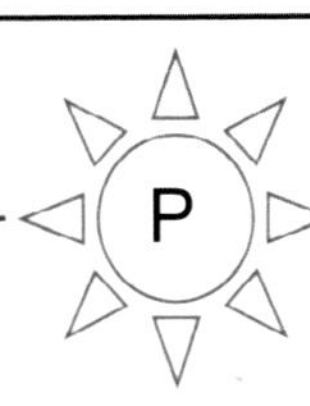

Station

Textaufgaben 3 – Lösungen

A Goldgräber Manni Caught wusch an einem Tag einmal $5\frac{1}{4}$ Unzen, $3\frac{1}{7}$ Unzen und $8\frac{1}{2}$ Unzen Gold aus. Wie viel g Gold waren das (1 Unze Gold ≈ 28 g)?

$5\frac{1}{4} + 3\frac{1}{7} + 8\frac{1}{2} = 5\frac{7}{28} + 3\frac{4}{28} + 8\frac{14}{28} =$
$16\frac{25}{28}$

Manni Caught wusch $16\frac{25}{28}$ Unzen Gold aus, das sind 473 g.

B Der Koch Eddi Bratfix hat 4 l Milch im Kühlschrank. $1\frac{1}{4}$ l braucht er zum Pudding kochen, $\frac{7}{8}$ l für die Zubereitung des Kartoffelpürees, $\frac{7}{10}$ l für Crepes, den Rest verarbeitet er zu Kakao. Wie viel l sind das?

$4 - 1\frac{1}{4} - \frac{7}{8} - \frac{7}{10} =$
$4 - 1\frac{10}{40} - \frac{35}{40} - \frac{28}{40} =$
$2\frac{80}{40} - 1\frac{10}{40} - \frac{35}{40} - \frac{28}{40} = 1\frac{7}{40}$

Eddi Bratfix verarbeitet $1\frac{7}{40}$ l zu Kakao, das sind 1175 ml.

C Ein Auto ist $4\frac{1}{4}$ m lang, der Wohnwagen $6\frac{3}{5}$ m. Wie lang sind die beiden Gefährte zusammen?

$4\frac{1}{4} + 6\frac{3}{5} = 4\frac{5}{20} + 6\frac{12}{20} = 10\frac{17}{20}$

Insgesamt sind das $10\frac{17}{20}$ m, das sind 10,85 m.

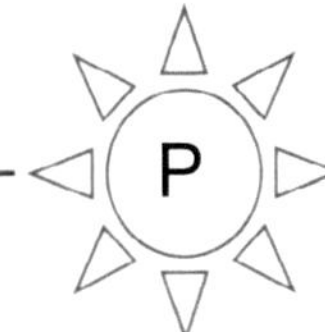

Station

Textaufgaben 4 – Lösungen

A Bauer Q. Fladen hat $38\frac{1}{5}$ ha Ackerland, $12\frac{1}{4}$ ha Weide, $8\frac{1}{2}$ ha Wald und $5\frac{3}{10}$ ha Gartenland. Wie viel m² Fläche umfasst sein Besitz?

$38\frac{1}{5} + 12\frac{1}{4} + 8\frac{1}{2} + 5\frac{3}{10} =$
$38\frac{4}{20} + 12\frac{5}{20} + 8\frac{10}{20} + 5\frac{6}{20} =$
$63\frac{25}{20} = 64\frac{1}{4}$

Sein Besitz umfasst $64\frac{1}{4}$ ha, das sind 642500 m².

B Jörn Palavers Quizshow „Hau den Millionär“ wird durch drei Werbeblöcke von $2\frac{1}{2}$ Minuten, $3\frac{1}{4}$ Minuten und $4\frac{1}{5}$ Minuten unterbrochen. Wie viele Sekunden dauert die Werbung insgesamt?

$2\frac{1}{2} + 3\frac{1}{4} + 4\frac{1}{5} = 2\frac{10}{20} + 3\frac{5}{20} + 4\frac{4}{20} =$
$9\frac{19}{20}$

Die Werbung dauert $9\frac{19}{20}$ Minuten, das sind 597 Sekunden.

C Frau Shopping-Bag kaufte bei Oldie $7\frac{1}{2}$ kg Kartoffeln, $\frac{3}{4}$ kg Zwiebeln, $1\frac{2}{5}$ kg Orangen, 1 Kiste Äpfel zu $4\frac{1}{2}$ kg und $1\frac{1}{4}$ kg Möhren. Welche Last schob sie in ihrem Einkaufswagen vor sich her?

$7\frac{1}{2} + \frac{3}{4} + 1\frac{2}{5} + 4\frac{1}{2} + 1\frac{1}{4} =$
$7\frac{10}{20} + \frac{15}{20} + 1\frac{8}{20} + 4\frac{10}{20} + 1\frac{5}{20} =$
$13\frac{48}{20} = 15\frac{2}{5}$

In ihrem Einkaufswagen befanden sich $15\frac{2}{5}$ kg, das sind 15 kg 400 g.

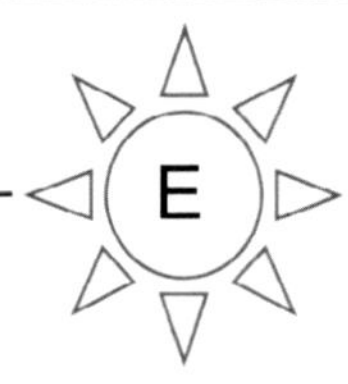

Station

Textaufgaben 5

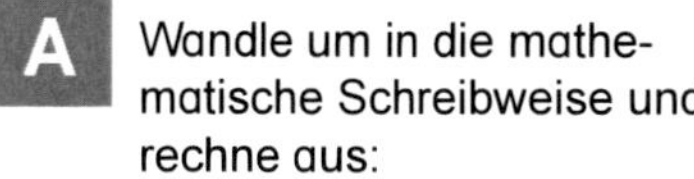

A Wandle um in die mathematische Schreibweise und rechne aus:

Multipliziere die Summe aus $3\frac{1}{4}$ und $4\frac{2}{3}$ mit $\frac{3}{5}$.

B Wandle um in die mathematische Schreibweise und rechne aus:

Dividiere die Summe aus $8\frac{2}{5}$ und $2\frac{3}{4}$ mit $\frac{3}{8}$.

C Wandle um in die mathematische Schreibweise und rechne aus:

Dividiere $7\frac{2}{3}$ durch die Differenz aus $3\frac{5}{9}$ und $2\frac{5}{6}$.

KOHL VERLAG Stationenlernen Bruchrechnen – Bestell-Nr. 12 002

Station

Textaufgaben 6

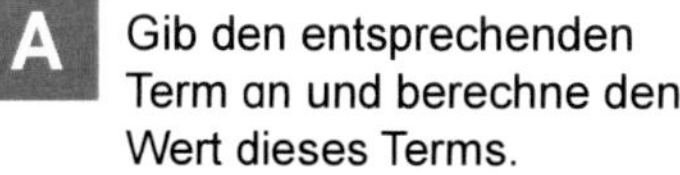

A Gib den entsprechenden Term an und berechne den Wert dieses Terms.

Subtrahiere von der Differenz der Zahlen $17\frac{1}{2}$ und $5\frac{3}{5}$ die Summe der Zahlen $2\frac{1}{4}$ und $3\frac{1}{6}$.

B Gib den entsprechenden Term an und berechne den Wert dieses Terms.

Subtrahiere die Differenz der Zahlen aus $2\frac{3}{10}$ und $3\frac{5}{6}$ von $18\frac{4}{5}$.

C Gib den entsprechenden Term an und berechne den Wert dieses Terms.

Addiere zur Summe der Zahlen $5\frac{3}{4}$ und $8\frac{1}{5}$ die Differenz der Zahlen aus $7\frac{1}{2}$ und $3\frac{7}{8}$.

KOHL VERLAG Stationenlernen Bruchrechnen – Bestell-Nr. 12 002

Station

!

Textaufgaben 5 – Lösungen

A Wandle um in die mathematische Schreibweise und rechne aus:

Multipliziere die Summe aus $3\frac{1}{4}$ und $4\frac{2}{3}$ mit $\frac{3}{5}$.

$(3\frac{1}{4}+4\frac{2}{3})\cdot\frac{3}{5}=$

$(3\frac{3}{12}+4\frac{8}{12})\cdot\frac{3}{5}=$

$7\frac{11}{12}\cdot\frac{3}{5}=$

$\frac{95\cdot 3}{12\cdot 5}=$

$\frac{19}{4}=$

$4\frac{3}{4}$

B Wandle um in die mathematische Schreibweise und rechne aus:

Dividiere die Summe aus $8\frac{2}{5}$ und $2\frac{3}{4}$ mit $\frac{3}{8}$.

$(8\frac{2}{5}-2\frac{3}{4}):\frac{3}{8}=$

$(8\frac{8}{20}-2\frac{15}{20}):\frac{3}{8}=$

$5\frac{13}{20}:\frac{3}{8}=$

$5\frac{13}{20}\cdot\frac{8}{3}=$

$\frac{113\cdot 8}{20\cdot 3}=$

$\frac{226}{15}=$

$15\frac{1}{15}$

C Wandle um in die mathematische Schreibweise und rechne aus:

Dividiere $7\frac{2}{3}$ durch die Differenz aus $3\frac{5}{9}$ und $2\frac{5}{6}$.

$7\frac{2}{3}:(3\frac{5}{9}-2\frac{5}{6})=$

$7\frac{2}{3}:(3\frac{10}{18}-2\frac{15}{18})=$

$7\frac{2}{3}:(2\frac{28}{18}-2\frac{15}{18})=$

$7\frac{2}{3}:\frac{13}{18}=$

$\frac{23\cdot 18}{3\cdot 13}=$

$\frac{138}{13}=$

$10\frac{8}{13}$

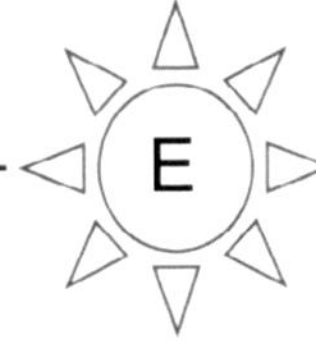

Station

Textaufgaben 6 – Lösungen

A Gib den entsprechenden Term an und berechne den Wert dieses Terms.

Subtrahiere von der Differenz der Zahlen $17\frac{1}{2}$ und $5\frac{3}{5}$ die Summe der Zahlen $2\frac{1}{4}$ und $3\frac{1}{6}$.

$(17\frac{1}{2}-5\frac{3}{5})-(2\frac{1}{4}+3\frac{1}{6})$

$=(17\frac{30}{60}-5\frac{36}{60})-(2\frac{15}{60}+3\frac{10}{60})$

$=(16\frac{90}{60}-5\frac{36}{60})-5\frac{25}{60}$

$=11\frac{54}{60}-5\frac{25}{60}$

$=6\frac{29}{60}$

B Gib den entsprechenden Term an und berechne den Wert dieses Terms.

Subtrahiere die Differenz der Zahlen aus $2\frac{3}{10}$ und $3\frac{5}{6}$ von $18\frac{4}{5}$.

$18\frac{4}{5}-(2\frac{3}{10}+3\frac{5}{6})$

$=18\frac{48}{60}-2\frac{18}{60}-3\frac{50}{60}$

$=17\frac{108}{60}-2\frac{18}{60}-3\frac{50}{60}$

$=12\frac{40}{60}$

$=12\frac{2}{3}$

C Gib den entsprechenden Term an und berechne den Wert dieses Terms.

Addiere zur Summe der Zahlen $5\frac{3}{4}$ und $8\frac{1}{5}$ die Differenz der Zahlen aus $7\frac{1}{2}$ und $3\frac{7}{8}$.

$(5\frac{3}{4}+8\frac{1}{5})+(7\frac{1}{2}-3\frac{7}{8})$

$=(5\frac{30}{40}+8\frac{8}{40})+(7\frac{20}{40}-3\frac{35}{40})$

$=13\frac{38}{40}+(6\frac{60}{40}-3\frac{35}{40})$

$=13\frac{38}{40}+3\frac{25}{40}$

$=16\frac{63}{40}$

$=17\frac{23}{40}$

KOHL VERLAG Stationenlernen Bruchrechnen – Bestell-Nr. 12 002

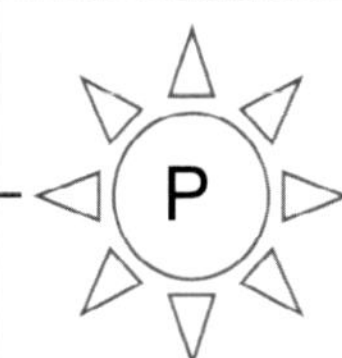

Station

Textaufgaben 7

A Tankstellenbesitzer Carwishwash verkauft den l Motoröl für 5,00 €. Für einen Ölwechsel werden $4\frac{3}{4}$ l Öl benötigt. Wie teuer wird der Ölwechsel?

B Ein Abwasserkanal von 30 m Länge soll mit $1\frac{1}{4}$ m langen Tonrohren ausgebaut werden. Diplom-Ingenieur Samuel Säuselmief überlegt, wie viele solcher Rohre er braucht.

C Der Nachrichtensatellit „Funky Window" braucht für eine Erdumkreisung ungefähr $1\frac{1}{4}$ Stunde. Wie viele Erdumkreisungen sind das in zwei Wochen?

Stationenlernen Bruchrechnen – Bestell-Nr. 12 002

Station

Textaufgaben 8

A Barni Geröllheimers Transporter kann $7\frac{3}{5}$ t transportieren. Er muss Schutt und Müll im Gesamtgewicht von 304 t abtransportieren. Wie oft muss Barni fahren?

B Der schon etwas betagte Lord Have'Notting vermachte seiner einzigen Tochter Pfürgie 246 000 €. Sie behielt $\frac{3}{4}$ des Geldes und vermachte die restlichen Euros ihren Kindern. Lady Di erhielt davon $\frac{7}{10}$, Bigear $\frac{3}{10}$.
Wieviel bekam Lady Di, wieviel Sohn Bigear aus ihrer zweiten Ehe mit dem Indianer „Calamity William"?

C Metzgermeister G. Hacktes macht aus $6\frac{3}{4}$ kg Rindfleisch acht gleich große Portionen Gehacktes. Koch Boilnix kauft 2 Portionen davon.
1 kg Gehacktes kostet 5,44 €.
Wie viel € muss Boilnix bezahlen?

Stationenlernen Bruchrechnen – Bestell-Nr. 12 002

Station

!

Textaufgaben 7 – Lösungen

A Tankstellenbesitzer Carwishwash verkauft den l Motoröl für 5,00 €. Für einen Ölwechsel werden $4\frac{3}{4}$ l Öl benötigt. Wie teuer wird der Ölwechsel?

$5 \cdot 4\frac{3}{4} = 5 \cdot \frac{19}{4} = \frac{95}{4} = 23\frac{3}{4}$

Der Ölwechsel kostet 23,75 €.

B Ein Abwasserkanal von 30 m Länge soll mit $1\frac{1}{4}$ m langen Tonrohren ausgebaut werden. Diplom-Ingenieur Samuel Säuselmief überlegt, wie viele solcher Rohre er braucht.

$30 : 1\frac{1}{4} = 30 : \frac{5}{4} = 30 \cdot \frac{4}{5} = \frac{120}{5} = 24$

Samuel Säuselmief braucht 24 Rohre.

C Der Nachrichtensatellit „Funky Window" braucht für eine Erdumkreisung ungefähr $1\frac{1}{4}$ Stunde. Wie viele Erdumkreisungen sind das in zwei Wochen?

Zwei Wochen = 14 Tage
1 Tag = 24 Stunden
$14 \cdot 24 = 336$
Frage: In 336 Stunden umkreist der Satellit die Erde wie oft?

$336 : 1\frac{1}{4} = 336 : \frac{5}{4} =$

$336 \cdot \frac{4}{5} = \frac{1344}{5} = 268\frac{4}{5}$

In 336 Stunden umkreist der Satellit die Erde ungefähr 269 mal.

Station

Textaufgaben 8 – Lösungen

A Barni Geröllheimers Transporter kann $7\frac{3}{5}$ t transportieren. Er muss Schutt und Müll im Gesamtgewicht von 304 t abtransportieren. Wie oft muss Barni fahren?

$304 : 7\frac{3}{5} = \frac{304}{1} : \frac{38}{5}$

$= \frac{{}^{8}304}{1} \cdot \frac{5}{38_{1}} = 40$

Barni muss 40 Fuhren machen, um den Müllberg abzutransportieren.

B Der schon etwas betagte Lord Have'Notting vermachte seiner einzigen Tochter Pfürgie 246 000 €. Sie behielt $\frac{3}{4}$ des Geldes und vermachte die restlichen Euros ihren Kindern. Lady Di erhielt davon $\frac{7}{10}$, Bigear $\frac{3}{10}$.
Wieviel bekam Lady Di, wieviel Sohn Bigear aus ihrer zweiten Ehe mit dem Indianer „Calamity William"?

$246000 \cdot \frac{3}{4} = \frac{738000}{4} = 184500$

$246\,000 - 184500 = 61500$

$\frac{7}{10} \cdot 61500 = 43050$

$61500 - 43050 = 18450$

Pfürgie behielt 184 500 €, vom Rest in Höhe von 61 500 € erhielt Lady Di 43 050 € und Sohn Bigear 18 450 €.

C Metzgermeister G. Hacktes macht aus $6\frac{3}{4}$ kg Rindfleisch acht gleich große Portionen Gehacktes. Koch Boilnix kauft 2 Portionen davon.
1 kg Gehacktes kostet 5,44 €. Wie viel € muss Boilnix bezahlen?

$6\frac{3}{4} : 8 = \frac{27}{4} : \frac{8}{1} = \frac{27}{4} \cdot \frac{1}{8} = \frac{27}{32}$

1 Portion Gehacktes wiegt $\frac{27}{32}$ kg.

$\frac{27}{32} \cdot 544 = \frac{14688}{32} = 459$

1 Portion Gehacktes kostet 4,59 €.
Koch Boilnix muss 9,18 € bezahlen.

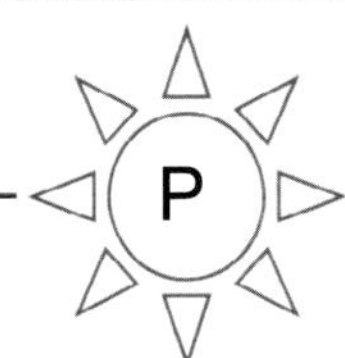

Station

Textaufgaben 9

A Sportler Henry Bigmuscle will ins Guinnessbuch der Rekorde. Dafür stemmt er 33mal $\frac{1}{4}$ t. Wie viele Tonnen erscheinen dann insgesamt im Guinnessbuch? Rechne um in kg.

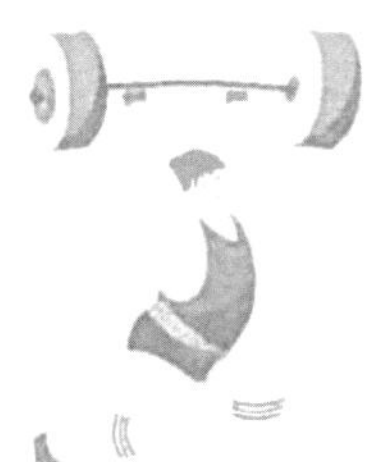

B Aus knapp 40 t Trauben gewann Winzer T. Räublein 24 990 l Saft, den er kelterte, also zu Wein machte. Den Wein füllt er in Flaschen ab, die $\frac{7}{10}$ l fassen. Wie viele Flaschen kann er jetzt zum Preis von 6,20 € verkaufen und wie viel Geld nimmt er ein, wenn er alle Flaschen verkauft?

C Eine Unze Gold wiegt ungefähr $28\frac{1}{3}$ g. Goldgräber Manni MacCaught hatte einmal sagenhaftes Glück und fand einen Goldklumpen von sage und schreibe 5015 g. Wie viele Unzen Gold hat Manni gefunden?

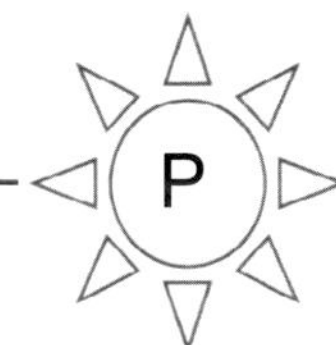

Station

Textaufgaben 10

A Winzer T. Räublein presst aus 1 kg Trauben $\frac{5}{8}$ l Saft. Wie viel l Traubensaft erhält er aus seiner diesjährigen Ernte von 39 984 kg?

B Der Gastwirt Willi Weinpunch kaufte 760 Flaschen Wein vom Winzer T. Räublein. Jede Flasche fasst $\frac{7}{10}$ l. Seinen Gästen serviert er diesen Wein in Gläsern, die $\frac{1}{5}$ l enthalten. Wie viele Gläser Wein kann Willi seinen Gästen einschenken?

C Für einen Klassenausflug mit anschließendem Picknick wurden 84 Dosen Zoca Dola zu je $\frac{1}{3}$ l und 42 Flaschen Funtu zu je $1\frac{1}{2}$ l eingekauft. Wie viele l sind das insgesamt?

Station

!

Textaufgaben 9 – Lösungen

A Sportler Henry Bigmuscle will ins Guinnessbuch der Rekorde. Dafür stemmt er 33mal $\frac{1}{4}$ t. Wie viele Tonnen erscheinen dann insgesamt im Guinnessbuch? Rechne um in kg.

$33 \cdot \frac{1}{4} = \frac{33}{4} = 8\frac{1}{4}$

Im Guinnessbuch der Rekorde erscheinen $8\frac{1}{4}$ t, das sind 8250 kg.

B Aus knapp 40 t Trauben gewann Winzer T. Räublein 24 990 l Saft, den er kelterte, also zu Wein machte. Den Wein füllt er in Flaschen ab, die $\frac{7}{10}$ l fassen. Wie viele Flaschen kann er jetzt zum Preis von 6,20 € verkaufen und wie viel Geld nimmt er ein, wenn er alle Flaschen verkauft?

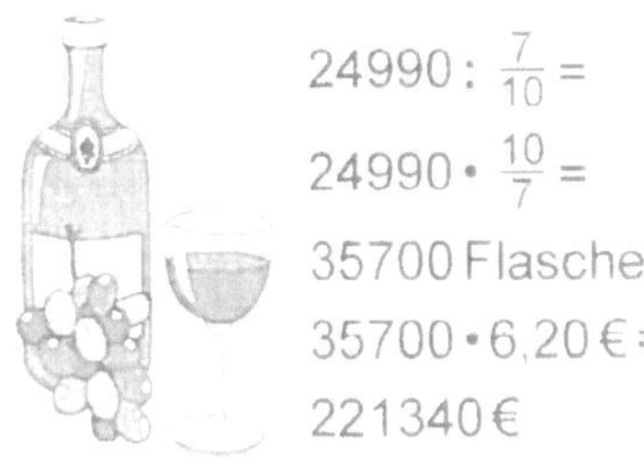

$24990 : \frac{7}{10} =$

$24990 \cdot \frac{10}{7} =$

35700 Flaschen

$35700 \cdot 6{,}20\,€ =$

221340 €

Er nimmt 221 340 € ein.

C Eine Unze Gold wiegt ungefähr $28\frac{1}{3}$ g. Goldgräber Manni MacCaught hatte einmal sagenhaftes Glück und fand einen Goldklumpen von sage und schreibe 5015 g. Wie viele Unzen Gold hat Manni gefunden?

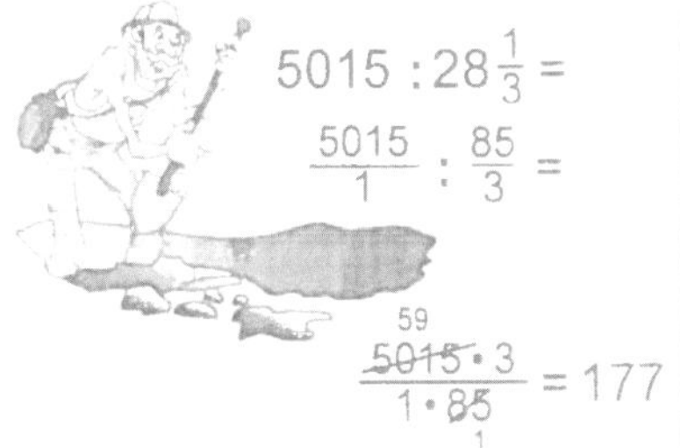

$5015 : 28\frac{1}{3} =$

$\frac{5015}{1} : \frac{85}{3} =$

$\frac{\overset{59}{\cancel{5015}} \cdot 3}{1 \cdot \underset{1}{\cancel{85}}} = 177$

Manni MacCaught hat 177 Unzen Gold gefunden.

Station

Textaufgaben 10 – Lösungen

A Winzer T. Räublein presst aus 1 kg Trauben $\frac{5}{8}$ l Saft. Wie viel l Traubensaft erhält er aus seiner diesjährigen Ernte von 39 984 kg?

$39984 \cdot \frac{5}{8} = \frac{199920}{8} = 24990$

Aus 39 984 kg Trauben erhält er 24 990 l Saft.

B Der Gastwirt Willi Weinpunch kaufte 760 Flaschen Wein vom Winzer T. Räublein. Jede Flasche fasst $\frac{7}{10}$ l. Seinen Gästen serviert er diesen Wein in Gläsern, die $\frac{1}{5}$ l enthalten. Wie viele Gläser Wein kann Willi seinen Gästen einschenken?

$760 \cdot \frac{7}{10} = 532$

760 Flaschen enthalten 532 l Wein.

$532 : \frac{1}{5} = 532 \cdot \frac{5}{1} = 2660$

Willi Weinpunch kann 2660 Gläser ausschenken.

C Für einen Klassenausflug mit anschließendem Picknick wurden 84 Dosen Zoca Dola zu je $\frac{1}{3}$ l und 42 Flaschen Funtu zu je $1\frac{1}{2}$ l eingekauft. Wie viele l sind das insgesamt?

$84 \cdot \frac{1}{3} + 42 \cdot 1\frac{1}{2} =$

$\frac{84}{3} + \frac{42 \cdot 3}{2} = 28 + 63 = 91$

Es sind insgesamt 91 l.

KOHL VERLAG Stationenlernen Bruchrechnen - Bestell-Nr. 12 002

1 TIPP-KARTE
Darstellung von Brüchen

$\frac{3}{4}$, $\frac{1}{5}$, $\frac{3}{7}$ nennt man Brüche.

Damit bezeichnet man Teile von einem Ganzen.

3 *Die Zahl über dem Bruchstrich heißt **Zähler***
— ***Bruchstrich***
5 *Die Zahl unter dem Bruchstrich heißt **Nenner***

Der **Nenner** gibt an, in wie viel gleich große Teile das Ganze zerteilt wird.
Der **Zähler** gibt an, wie viele Teile genommen werden.

Beispiele:

$\frac{5}{9}$ 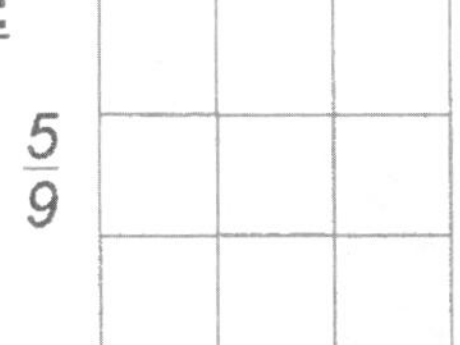 $\frac{5}{6}$ 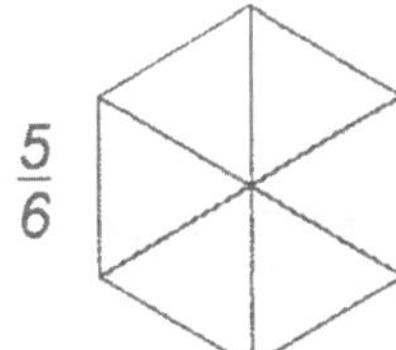

2 TIPP-KARTE
Berechnen von Bruchteilen

Wie berechnet man z. B. $\frac{3}{4}$ von 28 €?

Der **Nenner** gibt an, in wie viel gleich große Teile das Ganze zerteilt wird.

Also teilst du 28 € in vier gleich große Teile (28 € : 4 = 7 €).

Der **Zähler** gibt an, wie viele Teile genommen werden.

Also multiplizierst du ein Teil mit 3 (7 € • 3 = 21€).

$\frac{3}{4}$ von 28 € = 21 €

Beispiele:

$\frac{3}{7}$ von 63 kg = 27 kg (63 : 7 = 9 kg; 9 kg • 3 = 27 kg)

$\frac{5}{9}$ von 18 t = 10 t (18 : 9 = 2 t; 2 t • 5 = 10 t)

3 TIPP-KARTE
Brucharten

Ist bei einer **Bruchzahl** der Zähler kleiner als der Nenner, so nennt man diesen Bruch einen **echten Bruch**.

$\frac{1}{2}$; $\frac{2}{3}$; $\frac{5}{8}$ *echte Brüche*

Ist bei einer **Bruchzahl** der Zähler größer als der Nenner oder gleich dem Nenner, so nennt man diesen Bruch einen **unechten Bruch**.

$\frac{5}{2}$; $\frac{7}{3}$; $\frac{4}{4}$ *unechte Brüche*

Unechte Brüche kann man als **gemischte Zahlen** notieren. Sie sind die abgekürzte Schreibweise für die Summe aus einer natürlichen Zahl und einem echten Bruch.

$\frac{8}{3} = 2 + \frac{2}{3} = 2\frac{2}{3}$

4 TIPP-KARTE
Kürzen von Brüchen

Man kann Bruchzahlen **kürzen**. Kürzen bedeutet, Zähler und Nenner durch dieselbe Zahl zu dividieren. Ein **Bruch** und sein **gekürzter Bruch** sind **gleichwertig.**

$\frac{27}{36}$ *gekürzt durch 9 heißt* $\frac{27 : 9}{36 : 9} = \frac{3}{4}$

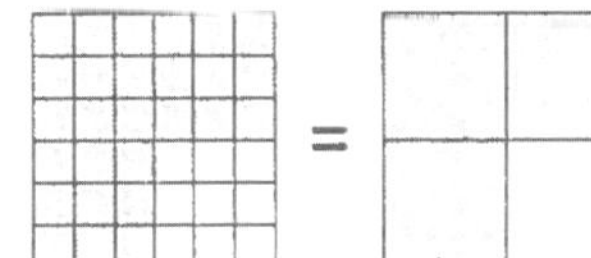

Beispiele:

Kürze den Bruch durch die angegebene Zahl.	Durch welche Zahl wurde der Bruch gekürzt?
9 $\frac{63}{72} = \frac{\_\_\_}{\_\_\_}$	$\frac{7}{8}$
$\frac{36}{54} = \frac{2}{3}$	18

5 TIPP-KARTE
Erweitern von Brüchen

Man kann Bruchzahlen **erweitern**. Erweitern bedeutet, Zähler und Nenner mit derselben Zahl zu multiplizieren. Ein **Bruch** und sein **erweiterter Bruch** sind **gleichwertig.**

$\frac{3}{4}$ *erweitert mit 4 heißt* $\frac{3 \cdot 4}{4 \cdot 4} = \frac{12}{16}$

 = 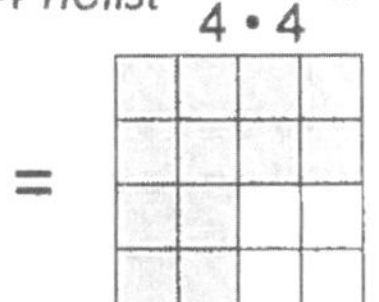

Beispiele:

Mit welcher Zahl wurde erweitert?	Erweitere den Bruch auf den Nenner 100.
$\frac{2}{3} = \frac{\_\_\_}{15}$ 5	$\frac{3}{5} = \frac{\_\_\_}{100}$ 60

6 TIPP-KARTE
Brüche gleichnamig machen

Brüche gleichnamig machen bedeutet, die Zähler und Nenner mit Zahlen so zu erweitern, dass die Nenner bei beiden Brüchen gleich groß sind.

Beispiel: Mache die beiden Brüche gleichnamig.

$\frac{4}{5}$ $\frac{5}{6}$

Du suchst das kleinste gemeinsame Vielfache von 5 und 6.

V_5 = {5, 10, 15, 20, 25, 30, 35, ... }

V_6 = {6, 12, 18, 24, 30, 36, 42, ... }

Du erweiterst so, dass der Nenner 30 wird.

$\frac{4}{5} = \frac{24}{30}$ $\frac{5}{6} = \frac{25}{30}$

7 TIPP-KARTE
Brüche am Zahlenstrahl

Ebenso wie die natürlichen Zahlen 0, 1, 2, 3, ... lassen sich Brüche wie $\frac{1}{2}$, $\frac{1}{4}$, $\frac{9}{10}$ oder $\frac{4}{5}$ durch einen Punkt auf dem Zahlenstrahl festlegen. Der Zahlenstrahl muss dann entsprechend eingeteilt werden.

$\frac{1}{4}$ $\frac{1}{2}$ $\frac{4}{5}$ $\frac{9}{10}$

Zu einem Punkt auf dem Zahlenstrahl gehören verschiedene Brüche.

$\frac{1}{4}$ $\frac{1}{2}$ $\frac{4}{5}$ $\frac{9}{10}$

$\frac{2}{8}$ $\frac{2}{4}$ $\frac{16}{20}$ $\frac{27}{30}$

8 TIPP-KARTE
Addition und Subtraktion gleichnamiger Brüche

Gleichnamige Brüche werden **addiert**, indem man ihre Zähler addiert und den Nenner beibehält.

Beispiele: $\frac{2}{11} + \frac{7}{11} = \frac{9}{11}$

$2\frac{3}{5} + 1\frac{4}{5} = 2 + 1 + \frac{3}{5} + \frac{4}{5} = 3 + \frac{7}{5} = 4\frac{2}{5}$

Gleichnamige Brüche werden **subtrahiert**, indem man ihre Zähler subtrahiert und den Nenner beibehält.

Beispiele: $\frac{9}{13} - \frac{4}{13} = \frac{5}{13}$

$3\frac{1}{4} - 1\frac{3}{4} = \frac{13}{4} - \frac{7}{4} = \frac{6}{4} = \frac{3}{2} = 1\frac{1}{2}$

9 TIPP-KARTE
Addition und Subtraktion ungleichnamiger Brüche

Ungleichnamige Brüche werden **addiert** oder **subtrahiert**, indem man

1. den gemeinsamen Nenner feststellt,
2. die Brüche auf diesen gemeinsamen Nenner erweitert und
3. die jetzt gleichnamigen Brüche addiert oder subtrahiert.

Beispiele: $\frac{1}{2} + \frac{2}{3} = \frac{3}{6} + \frac{4}{6} = \frac{7}{6} = 1\frac{1}{6}$

$\frac{2}{3} - \frac{5}{8} = \frac{16}{24} - \frac{15}{24} = \frac{1}{24}$

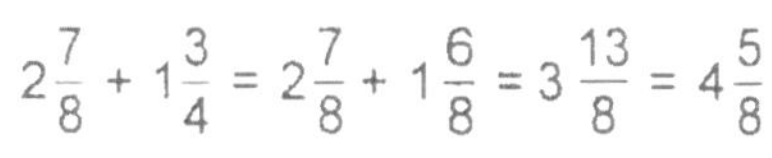

$2\frac{7}{8} + 1\frac{3}{4} = 2\frac{7}{8} + 1\frac{6}{8} = 3\frac{13}{8} = 4\frac{5}{8}$

10 TIPP-KARTE
Multiplikation von Brüchen

Brüche werden multipliziert, indem man Zähler mit Zähler und Nenner mit Nenner multipliziert.

Beispiele: $\frac{3}{7} \cdot \frac{4}{5} = \frac{3 \cdot 4}{7 \cdot 5} = \frac{12}{35}$

$\frac{2}{5} \cdot \frac{3}{8} = \frac{\cancel{2} \cdot 3}{5 \cdot \cancel{8}} = \frac{1 \cdot 3}{5 \cdot 4} = \frac{3}{20}$

Bevor du gemischte Zahlen multiplizierst, wandelst du sie in unechte Brüche um.

Beispiele: $2\frac{2}{3} \cdot 7 = \frac{8}{3} \cdot \frac{7}{1} = \frac{56}{3} = 18\frac{2}{3}$

$1\frac{2}{3} \cdot 4\frac{1}{2} = \frac{5}{3} \cdot \frac{9}{2} = \frac{45}{6} = 7\frac{3}{6} = 7\frac{1}{2}$

$5\frac{2}{7} \cdot 3\frac{1}{3} = \frac{37}{7} \cdot \frac{10}{3} = \frac{370}{21} = 17\frac{13}{21}$

11 

Division von Brüchen

Man dividiert einen Bruch durch einen zweiten Bruch, indem man den ersten Bruch mit dem **Kehrbruch** des zweiten Bruches multipliziert.

Den **Kehrbruch** erhältst du, indem du Zähler und Nenner vertauschst.

Beispiele: $\frac{3}{4}$ Kehrbruch $\frac{4}{3}$ $\frac{5}{8}$ Kehrbruch $\frac{8}{5}$

Beispiele: $\frac{5}{6} : \frac{3}{4} = \frac{5}{6} \cdot \frac{4}{3} = \frac{20}{18} = \frac{10}{9} = 1\frac{1}{9}$

$\frac{14}{25} : \frac{2}{3} = \frac{14}{25} \cdot \frac{3}{2} = \frac{42}{50} = \frac{21}{25}$

Gemischte Zahlen werden in unechte Brüche umgewandelt:

$7\frac{1}{4} : 2\frac{1}{2} = \frac{29}{4} : \frac{5}{2} = \frac{29}{4} \cdot \frac{2}{5} = \frac{58}{20} = \frac{29}{10} = 2\frac{9}{10}$

12 TIPP-KARTE
Rechengesetze bei Brüchen

Was in einer Klammer steht, wird zuerst berechnet.

Beispiel: $\frac{3}{8} \cdot (\frac{1}{2} + \frac{5}{6}) = \frac{3}{8} \cdot (\frac{3}{6} + \frac{5}{6}) = \frac{3}{8} \cdot \frac{8}{6} = \frac{1}{2}$

Punktrechnung geht vor Strichrechnung.

Beispiel: $4\frac{1}{5} - \frac{3}{4} \cdot \frac{8}{9} = 4\frac{1}{5} - \frac{2}{3} = 4\frac{3}{15} - \frac{10}{15} = 3\frac{8}{15}$

Ansonsten wird von links nach rechts gerechnet.

Man darf in einer Summe und in einem Produkt zwei Bruchzahlen miteinander vertauschen.

$\frac{3}{5} + \frac{1}{4} = \frac{1}{4} + \frac{3}{5}$ $\frac{3}{5} \cdot \frac{1}{4} = \frac{1}{4} \cdot \frac{3}{5}$

Es gilt das Verteilungsgesetz (**Distributivgesetz**).

$\frac{3}{5} \cdot (\frac{1}{2} + \frac{3}{4}) = \frac{3}{5} \cdot \frac{1}{2} + \frac{3}{5} \cdot \frac{3}{4}$

$\frac{3}{5} \cdot (\frac{3}{4} - \frac{1}{2}) = \frac{3}{5} \cdot \frac{3}{4} - \frac{3}{5} \cdot \frac{1}{2}$

KOHL VERLAG